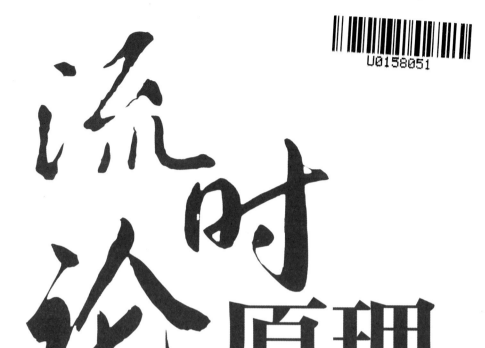

流时论原理

Theory of Outflowing Time

刘应平　著

哈尔滨工业大学出版社
HITP　HARBIN INSTITUTE OF TECHNOLOGY PRESS

U0158051

图书在版编目(CIP)数据

流时论原理/刘应平著. —哈尔滨:哈尔滨
工业大学出版社,2021.10
ISBN 978-7-5603-9601-9

Ⅰ.①流… Ⅱ.①刘… Ⅲ.①量子力学 Ⅳ.
①O413.1

中国版本图书馆 CIP 数据核字(2021)第 144343 号

策划编辑 李艳文 范业婷
责任编辑 范业婷
出版发行 哈尔滨工业大学出版社
社 址 哈尔滨市南岗区复华四道街 10 号 邮编 150006
传 真 0451-86414749
网 址 http://hitpress.hit.edu.cn
印 刷 哈尔滨市石桥印务有限公司
开 本 787 毫米×960 毫米 1/16 印张 11 字数 131 千字
版 次 2021 年 10 月第 1 版 2021 年 10 月第 1 次印刷
书 号 ISBN 978-7-5603-9601-9
定 价 58.00 元

前言
PREFACE

　　相对论量子力学提供的百年工业盛宴之后,人类需要另一场工业盛宴。过去人们说,人类只有认识客观,才能改造客观。现在要补充说,人类只有深入认识大自然,才能立足大自然。人类只有深入认识大自然,才能制造出更加精妙的产品。科学是工业的基础。有了划时代的科学进步,才可能有时代的工业盛宴。

　　人类是在宇宙宏观层次进化的。所谓常识,就是关于宏观的认识。所谓哲学解释,就是带上宏观味道的杂烩。因此宇宙的微观层次和宇观层次才显得离奇古怪,往往没有合理解释。20世纪初的重大发现,就是经典力学不适用于微观世界。这给科学的"良心"一个极大的安慰。原来万能的伟大理论是有适用限度的。这就产生了两个问题:其一,宇宙有多少层次,人类不知道;其二,物质的统一性要求理论的统一性。确实,存在统一理论是人类的坚定信念,有永不动摇之势。于是卡鲁查第一个举起了统一的旗帜,努力把电磁理论与相对论融合,开了统一的新生面。爱因斯坦从寻求物质性时空入手,但是40年的努力无果。

广义相对论是引力理论。广义相对论告诉我们,引力等于时空弯曲。因此,绕开物理时空理论的任何努力想要统一量子力学与相对论,绝无可能。为了统一,相对论妥协了,量子力学要说什么?既然是寻找相对论与量子力学的统一,既然物质性就是统一性,那么,神秘的量子行为也要从物理时空理论入手,才能有机可乘,于是流时论首先寻找非时非空但是产生着时空的时空碎片。时空碎片是流时论的核心。然而,这样一来不得不进入一个新的宇宙层次,暂且叫它时空层次,简称时观。相对于宏观,微观极难理解。相对于微观和宏观,时观更难理解。但是奥德修斯明知是冥河,偏偏不怕见冥王。这就是人类最宝贵的精神。最美好的爱情,不也就是白头到老吗?虽蜡炬成灰,往矣。

时空碎片生出时空元,时空元的无穷集合称为本底时空。原来一无所有的虚空是由物质构成的。由此生出微观粒子,生出大自然的千姿百态。时空弯曲是时空元数密度分布及其变化。而量子力学的重要自我介绍是:时空元构成的量子广延产生了波粒二象行为。流时论作为月老给出的红绳是:如果产生时空元数密度梯度的同时伴生纤细物质,则这个数密度场一定是引力场。如果无伴生纤细物质,则此非零数密度梯度一定是虚粒子。试想,如此一来,真空能量怎么能够为零!

流时论提供的时空元引力方程虽然十分复杂,但是这个"丑八怪"把引力与不确定原理统一到一个方程里了。为了我们的工业兴盛,我们可以优雅地慷慨大度。

自从牛顿力学以来的几百年时间里,人类思想的顶峰已从几千年之间的哲学挂帅逐渐改变为物理学领军。现代的所谓重要思想，都在物理学的视野之内。这就出现了一个十分严重的困难。要想理解流时论的困难点，没有任何认识论的拐杖。阴险的黑洞怎么钻？炽热发红的熔岩池怎么跳？孤零零的笨家伙在发愁还是在想奇招？没有人类大无畏的探索精神，就没有牛顿力学带来的工业盛宴，如何造大桥、造高楼、造机械。没有麦克斯韦的电磁学，就没有电器、电波的工业盛宴。环视今日的文明，GPS、北斗导航、计算机、手机、微电子、自动控制，没有相对论、量子力学，皆无可能。但是时空层次为什么这么神秘呢？我讲流时论，我的校友们说每一个字都认识，就是不知道说什么。高山上的白雪可以融化，流时论为什么就解不开呢？

看来我努力不够。这本书是我继续努力的见证。

感谢哈尔滨工业大学陕西校友会杨小勇会长的大力支持。感谢我的两位同学赵汝怀教授和梅登科医生几十年耐心的讨论和一贯的支持。感谢我的几位同学侯志敏、赵焕章、钱永生、于华、朱翠霞几十年一贯的支持和鼓励。我的夫人朱翠霞一直承担繁杂的家务。这些人都以卓越的才华和学业有成给我树立了榜样。感谢刘冬红多年认真地输入那些复杂的符号并且很好地完成工厂的工程师工作，节约了我的时间。我永远不能忘记数学教授王泽汉老师对我在数学、科研和其他方面的教导。就读哈尔滨工业大学改变了我的人生。王老师的教导决定了我一生的研究方法。

流时论盯着下一场工业盛宴。流时论在哈尔滨工业大学1965年元月寒假由盲目的兴趣开始，中间在西安的陕西科技大学一个角落里成长，尔来五十有五年矣。青春少年再熬过五十五年的人生，有如风中残烛，锐减大半。泪多光暗，惨不忍睹。然其心滚烫炽热，有增无减，青烟向西，夕光照东。有来自松花江畔的灵气，有汇于泾渭分明的高义。凤栖梧桐，理念分明。鹏击九天，用意高远。

卜算子·泾渭分明

不惯红尘风，
常幻洞天兴。
五百年前梦丝长，
一生无究竟。

曾问松花江，
曾问兴安岭。
泾渭朝阳花似锦，
为谁汇真情。

刘应平
2020 年 10 月 21 日

流时论原理

4

目录

CONTENTS

流时论是目前唯一一个物质性的、完备的、前后一致的物理时空理论。

第**1**章

流时论的可期应用
和理论意义

对于政府,流时论包含着新的税源。对于人民大众,流时论包含着新的工业机会和新的商业机会。

1.1 流时论的可期应用

流时论从理论物理出发,追寻物质性的物理时空理论,很自然地实现了向应用物理的转变。在后边的论述中可以了解到流时论对玻色 – 爱因斯坦凝聚的研究、对量子通信的研究、对量子输运的研究以及对量子计算机逻辑器件的研究等;还有对石墨烯生产工艺的分析改进、卷缩能的开发利用、引力热能的开发利用、对地震监测和精确预报的应用、对探矿的应用等的研究。

1.1.1 卷缩能的开发利用

流时论提出的卷缩能是比核能更集中的能量形式,有可能提供巨大的极干净能源。(见9.7节)

1.1.2 引力热能的开发利用

就目前的理论认识,纤细物质与微观粒子几乎没有相互作用。引力热能每时每刻都被纤细物质白白带走。如果流时论找到了截取引力热能的物理机制,那么,地球就会变成一个巨大的发电机,"燃料"则是本底时空中自己定量进入地球的时空元。在原理上不是永动机,但是实际上地球是可自动运行并且可以使用几十亿年的清洁程度达到理想水平的能源。(见5.1节)

1.1.3 地震监测和精确预报

我们已经知道,时空元数密度非零梯度就是真空涨落的虚粒子,并且未被吸收的这一份能量会扩散时空弯曲而以引力方式散去(见6.3节)。但是自由态时空元存在于物体内外,物体内部的激发因素更多,产生虚粒子的概率比真空中更大。由于时空元的性质,这些虚粒子会有部分穿出物体。

而虚粒子的能量动量(以下简称能动量)是可以测量的。

人们就可以在屏幕上看着地球深处的物质变化,定量地准确判断可能发生的地震的震级,并且把预报地震发生的时间精确到几十秒之内(见8.7.1小节)。流时论也可用于探矿(见8.7.2小节)。

1.1.4　应用于量子计算机的开发

量子运算的物质过程是粒子与自己的量子广延可以相互独立地、并行地共同参与运算。（见 7.5 节）

量子电动力学认为,在双缝实验中是单独一个电子同时通过了两条缝而进行单独一个电子自己与自己的干涉。这种解释是难以理解的,但是它符合实验事实。流时论理清了双缝实验中电子的行为,即电子与纯量子广延同时通过了两条缝然后在缝后电子与纯量子广延干涉叠加生成干涉配对。我们特别感兴趣的是,在干涉过程中电子与它的纯量子广延是不可区分的。

半透反射镜也称分束器。分束器是量子计算机的一种基本逻辑元件[1]。两个串联的分束器是一个逻辑非门,于是一个分束器被称为根号非。图 1.1 画出了根号非。

图 1.1　根号非

一个粒子可以同时处在 0 状态和 1 状态的物理客体称为一个量子比特。作为物理客体,根号非就是一个量子比特。一个光子射向分束器。这个光子的比特值可以记为 0,规定反射束比特值为 0,透射束为 1。但是这个输入可以同时输出 0 和 1 两种比特值,因此,传统量子力学认为同一个光子同时走过了透射路径和反射路径。流时论则认为,是光子与它的量子广延同时并且各自走了透射路径和反射路径。流时论的这个看法至今还没有遇到过实质性困难。因此对于逻辑非门的解释需要更进一步研究。

如图 1.2 所示，A 和 D 是两个分束器，B 和 C 是两个全反射镜。这些组分与入射光子就构成了逻辑非门。

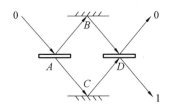

图 1.2　逻辑非门

如果光路 ABD 与 ACD 严格相等，则在值 1 会检测到 100% 的入射光子。传统量子力学对这个实验结果无法解释，也给不出解决问题的思路。流时论把问题的解决推进了一步，认为是在 A 分手的光子和它的纯量子广延在 D 干涉叠加生成干涉配对，在值 1 检测到的不是一般的光子而是光子的干涉配对。这个解释的正确性的验证办法是，把两条光路遮去一条，则在 0 和 1 会各自出现 50% 的出射光子。但是流时论目前还给不出在 D 的干涉叠加细节，然而流时论给出了解决问题的思路。把在 D 处的过程划归双缝实验或变体双缝实验，问题可望解决。

关键是光子与自己的量子广延一旦分开，在光路中二者就是不可区分的，因此一个比特值的输入，根号非会同时有两个不同比特值的输出。

总之，流时论可以直接应用于量子计算机的开发研制。（见 6.8 节）

1.2   流时论的理论意义

1.2.1   初步统一了相对论和量子力学

流时论推导出了弱等效原理[2]（见 9.1 节），推导出了不确定原理（见 10.5 节）。在流时论的物理时空中把相对论和量子力学交织地排列在一个逻辑链条上，始终保持自洽，这绝对不是偶然的。

1.2.2   流时论与已有物理事实不矛盾

天文观测宇宙空间能量密度上限[1]为 $10^{-29} \text{g}/\text{cm}^3$。

流时论求得本底时空能量密度[2]为 $5 \times 10^{-33} \text{g}/\text{cm}^3$。

流时论求得宇宙能量密度平均值[2]为 $5 \times 10^{-30} \text{g}/\text{cm}^3$。

电弱理论求得宇宙空间能量密度[1]为 $10^{25} \text{g}/\text{cm}^3$。

可以看出，流时论给出的数值都较为合理。而电弱理论给出的数值相当于每个人头上都得顶一座大山。显然流时论值得研究。

1.2.3   能解释真空能密度不为零

量子力学不能解释为什么真空能密度不为零。流时论给出的解释是，在形成时空元数密度场的时候不同时产生纤细物质，这样的时空元数密度梯度具有量子化的能动量，也就是量子力学所说的虚粒子。电磁力、强力、弱力、引力四力都可能激发数密度非零梯度发生，因此真空能密度不会为零。这也解释了真空量子起伏。（见 6.3 节、6.5.1 小节以及 8.5.2 小节的(4)）

1.2.4　能解释引力为什么这样弱

广义相对论不能解释引力为什么这样弱[1]。流时论的时空元引力理论证明数密度场造成的时空弯曲几乎可以弱到任意小。关键此解释是理论的刚性推论,而不是临时拼凑。(见4.6节)

1.2.5　能解释高温气体粒子何以像弹球

高温气体的原子或分子表现得像弹球,随着温度的下降,气体原子、分子越表现出更严重的波动性。云雾室的粒子或者宇宙射线胶片中粒子径迹怎么会是经典径迹?历来难以解释[1]。

流时论发展的量子广延理论能够很好地解释这一现象。

高温气体粒子速度大,量子广延受损严重,行为像弹球。随着温度的降低,粒子量子广延越来越完整,就会越来越表现出严重的波动性。

粒子在云雾室或胶片中高速穿行,量子广延损失较大,类似弹球的行为当然有经典径迹。(见6.7节)

1.2.6　能解释双缝实验

1.2.5小节的两个事实提示量子广延概念是应该进一步研究的。用量子广延概念,可以解释双缝实验。也可以解释双缝实验的各种变体。例如解释带标记的延迟选择双缝实验。(见6.5节和7.5节)

双缝实验包含量子力学神秘的核心,100多年来没有解释。流时论给出的解释,其结果与传统量子力学完全一致。没有引发任何新的困难。

1.2.7　写出了时空元引力方程

流时论还写出了时空元引力方程,这个方程第一次把引力与不确定原理联系起来,第一次把数密度分布变化与真空量子起伏联系起来。

在引力与量子起伏没有任何蛛丝马迹的联系,没有一线光明的困难面前,流时论指出了一条出路,无论如何,值得一顾。(见 8.4 节和 8.5.2 小节)

1.2.8　流时论始终不自相矛盾

流时论现在确实没有得到实验证实。但是有什么理论在它产生之前就被实验证实了呢? 专讲时间空间,时空本已抽象,表达时空的理论更是抽象加上抽象,这就把流时论推入了抽象的深渊。它必然冰冷难近。流时论最丑恶的抽象是它的物理概念,繁杂的数学语言更像是革命队伍里的叛徒一样努力帮倒忙。

总之,无论是我们列举的正面物理事实,还是流时论的反面形象,都不是最重要的。当下最重要的是:流时论必须逻辑一贯;流时论在复杂多样的物理现实面前,必须不自相矛盾。幸好流时论总是自洽的,但这只是必要的而不是充分的。决定性的则是,流时论应该迎接实验检验,这才是充分而且必要的。

1.2.9　自然科学思想的几个高峰

奠定基础的纯理论研究或称颠覆性的自然科学研究,构成了人类自然科学的几个高峰。欧几里得几何是关于固体定量化了的物理。阿基米德开创了静力学的演绎理论,并且以原初状态微积分开始理解动力学。

欧氏几何、牛顿力学、麦克斯韦电磁理论、爱因斯坦相对论、以玻尔、海森堡和薛定谔为代表的量子力学,是所有自然科学理论中最经得起实验推敲,最精确入微,对发展全球生产力贡献最大,对形成人类正确观念影响最大,也最具有科学知识和理性方法代表性的纯理论。唯有它们可以称为超级理论。它们的超级用一句话说,就是代表人类的认识进入了宏观、微观、宇观三个宇宙层次。

在漫漫修远的探索之中,人类浩如烟海的研究大部分都失败了,成功了的在被逐次吸收乃至最终被超级理论吸收之后作为思想闪光几乎全都淹没在历史的长河之中了。例如地心说很成功,但在人类对其完善了两千年并使用了两千年之后被放弃了。没有哪个自然科学理论有这么长久的光辉岁月。热质说几乎成为经典之后被放弃了。这就是超级理论站在孤峰白雪之上的原因。哲学家和历史学家与自然科学家的看法可能不尽相同,尽管关于大自然的纯理论构成了人类世界观的主体,但是认识到五大超级理论构成了人类思想史的三个高峰仍然是自然科学家的努力。

笔者在这里要强调的只是,流时论是纯理论,它进入了时空层次,在宏观、微观、宇观层次之后排上了时观。从对历史的回顾,从社会生产力的发展和获得观念进步的未来体察,流时论值得研究。

参考文献

[1] FRASER G. 21 世纪新物理学[M].秦克诚,主译.北京:科学出版社,2013:42-43,118,119,177,273-274.

[2] 刘应平.流出的时间理论[M].西安:陕西科学技术出版社,2019:113,206-207.

第2章

时间的开端

因为流时论是物理理论,正确与否只能由实验判定。不论流时论多么古怪离奇,只要符合实验,我们就接受它。目前,只要这个理论系统自洽,又不与已知物理事实矛盾,我们就发展它。这一章叙述流时论关心的认识论、方法论以及为什么要这样安排流时论理论体系的发端。给出一个阅读建议:第一次读本章时,可绕过第2.1节到2.8节,直接从第2.9节开始看。

曾经企图把全部数理都归入哲学,现在却要数理远离哲学。这两种努力都是时代的产物,与大自然的真实情况无关。

2.1 时间和能量是最基本概念

如果要把世界加以总结,需要6个概念:时间、空间、物质、运动、能

量、序性。估计这6个概念足以完全总括我们所知道的世界。

这6个概念都很大,对它们下定义几乎是不可能的。流时论试着想用一条时间原理建立六者之间的联系,然后加以精练。

时间原理:时间是物质的唯一运动。就是说,除了时间性,六者中别的任何一个都不能完备地、精确地描述物质的行为。

由时间原理可知,时间概念已包含了运动概念。于是我们把运动概念作为导出概念。把运动概念作为导出概念还有一个理由,量子力学否定实在性。虚空中随机产生虚粒子并且随机消失,但是虚粒子与原子的碰撞影响原子中的电子能级,"对氢原子光谱线的测量非常精确地证实了这一图像"[1]。在这两种情形下,运动概念都发生含混。因此我们把运动看作导出概念。

由于狭义相对论的质能关系式,质量与能量不可区分,于是流时论在哲学上和物理学上都不区分这两个概念,并打算主要保留能量概念。当初牛顿把质量定义为物质的多少,看来把能量作为第一性概念是恰当的。

后边我们还会看到,空间和序性都可以作为时间和能量的导出概念。于是,6个概念中有4个是时间和能量的导出概念。流时论研究物理问题,只与时间和能量两个概念打交道。流时论所谓的物理实在性,当然是指具有时间和能量的实在性。至于错对,流时论只关心过实验关。

当然,另外4个词仍然使用。纯粹由于语言习惯,在有些场合它们具有语言上的敏感性。利用这一点是有益的。

2.2　能量的普遍性

由狭义相对论的质能关系式可知,能量是非常普遍的。但是仅此还不算充分,至少论述不够充分。

要证明能量的普遍性,必须用到能量转换才有说服力。

$$1 \text{ 牛} \cdot \text{米机械功} = 1 \text{ 焦耳热}$$

功与热怎么能相等呢? 因为这里边有既不是机械功又不是热的第三者,这个第三者就是能量。这种从特殊到普遍并把特殊与普遍对立起来的抽象方法,其实是常用的。例如,

$$1 \text{ 公斤 } 45 \text{ 号钢} = 5 \text{ 市斤小麦}$$

这大约是时下的市价。钢怎么能与小麦相等呢? 因为这里有既不是钢又不是小麦的第三者。钢和小麦里的第三者,就是社会平均劳动,或者干脆就叫钱。在市场上钱什么都能买,钱在市场上就像能量在热运动与机械运动这两者的共同世界中一样有普遍性。

$$1 \text{ 牛} \cdot \text{米机械功} = 1 \text{ 瓦} \cdot \text{秒电能}$$

$$1 \text{ 焦耳热} = 1 \text{ 瓦} \cdot \text{秒电能}$$

$$1 \text{ 焦耳热} = 6.242 \times 10^{18} \text{ 电子伏粒子能}$$

这个等式排列还可以加长。

每种运动形式与另外一种运动形式之间,一定存在这样一个等式。世界上的运动形式共有多少种没有人知道,运动形式是否有限更不知道。各种运动形式之间的这种当量等式,都包含了能量作为第三者,因此,世界就是能量构成的存在。

 ## 2.3　能够由实验判定时间是否真实存在吗?

这个问题是最为古老的问题之一,可能有成千上万年的历史。实践证明,几千年的哲学争论解决不了这个问题。看来只有物理学才能解决这个问题。流时论认为时间是真实存在的,它当然就是物

质或者能量。任何客观存在,既是时间又是能量。就像是一个树叶,既是绿的又是圆的。只是能量和时间没有树叶直观性的好处。把时间作为客观存在,由此出发发展起来了流时论。如果流时论被实验证实了,时间就一定是客观存在的。以往的任何哲学或物理理论都没有这个功能,因为它们都没有发展出一个物理时空理论。如果像流时论一样已经发展出了一个物理时空理论,那么,就一定得有一个非时非空的客观存在,我们把它称为时空碎片,由时空碎片生出时空。于是,或者时间是真实存在,或者时间是人们的幻觉,这样无休无止的争论,就归结为是否存在时空碎片,可以由实验来判定。再也不会有不得要领的玄虚争论了。

2.4　时间有开端吗?

在科学发展以前,人们已经习惯于认为一切非生命的东西都是亘古以来古已有之,它们都没有以前,因为它们的任何以前似乎还是以前,渺无尽头的以前。科学发展之后的今天,再也不存在没有开端的事物。

万事万物都有开端,时间有开端吗? 流时论认为时间有开端,并且把这个假定作为公理之一,来发展物理时空理论。流时论将时间开端命名为浪浪。浪浪是个形声词,在汉语里从来就没有任何别的含义。好像一个空瓶子,装西凤酒装茅台酒都行。都不会引起别的词义联想导致混淆。《离骚》有句"揽茹蕙以掩涕兮,沾余襟之浪浪。"曹子建《洛神赋》中"抗罗袂以掩涕兮,泪流襟之浪浪。"浪浪用作形声词,从先秦到魏晋直到现在都没有任何变化。夸克在美式英语里是诗味的鸟叫声,后来知道在德语里是垃圾。黑洞一词也有一些联想。

时间开端不是时间,时间开端也不是能量。

老子似乎猜到了时间开端,他说:"道生一,一生二,二生三,三生万物。"看来老子的"道"有四层含义:道路、道理、规律、浪浪。但是几千年来解释老子的大学问家,从来不提"道"的时间开端含义,现在应该注意到。

2.5　浪浪前头还有什么?

如果这样追下去,永无止境,什么事也办不成。于是古人想出了一个办法,建立公理系统,逻辑链条从公理开始,至于公理之前,再不提问题,至少在现有理论体系之内不提问题。欧几里得几何就是两千多年前成功的典范。欧氏几何公理系统成形之前特别是成形之后,平行公理之所以闻名,是因为还对它进行了两千多年的研究。当初欧几里得肯定心里不踏实,前四组公理都是成组出现,唯独平行公理单列在第五组。因此在后来的两千年称之为第五公设。果然,对第五公设的研究超出了欧氏系统之外,产生了非欧几何。这时人们才知道,欧氏几何之外还有别的几何。

公理集论的选择公理也有类似情形。选择公理有 20 多个等价命题,深入数学的许多分支,获得了许多重要的正面结果,在有些情形选择公理已是不可或缺的。另一方面,选择公理虽然断言选择函数存在,却不是都可以能行地构造出来。更有甚者选择公理可以推出一些违反直观的、令人困惑的结论,以致对选择公理的取或者舍都难以做出。这比第五公设造成的困难更具有挑战性。尽管物理是对客观实在的描写,数学是精确表达量的语言,物理与数学在逻辑上存在着某种平行关系,却是确定无疑的。最值得反复体味的,

是它们的逻辑源头并不总是清晰的。

狭义相对论也是把相对性原理和光速恒定原理作为两条公理，建立了一个原理性的理论体系。该体系严密完整，可与欧几里得几何媲美，树立了物理理论的新典范。虽然对于光速恒定原理和超光速问题的研究一直持续一个多世纪，却都不是在狭义相对论理论体系之内研究。（关于光速极限的参照系条件，见9.3节）

我们只能说，浪浪是自己存在。

当然，如果流时论被实验证实，人们就得承认浪浪的存在。那么，浪浪带来的问题就会十分复杂。然而，浪浪的神秘性，浪浪的存在方式，浪浪怎样参与了我们的日常生活或者根本与我们的日常生活毫无关系，浪浪对宇宙结构的巨大影响等等，这些问题流时论绝不关心。因为按照逻辑关系，在流时论理论体系之内不可能研究这些问题。

2.6　时空碎片

本段的内容和叙述笔者已琢磨过多年，改写不下几十次。笔者认识到，不是叙述不清，而是客观上包含了某种界限。请读者留意，希望有高见。

浪浪消解出最短时间，记为 δt。言最短不是直接说 δt 的大小，而是说 δt 不能再分割了。我们直接把 δt 看作客观存在，也就是能量，于是最短时间也是最小能量，我们把它称为时空碎片，并用（δt, δE）来标记时空碎片。时空碎片一旦消解成功，就再也不会回到浪浪。时间不可倒转。时间单向性是绝对的。δE 是 δt 具有的能量，δt 是 δE 具有的时间。因为 δt 是最短时间，因而 δE 是最小能量。δE 的最小性，是因为 δE 不能再分割了。于是，δt 是 δE 具有的最短时间，

δE 是 δt 具有的最小能量。δt 和 δE 是同一个事物,即时空碎片的两个方面。δt 与 δE 的联系是不可分割的,它们是共同存在的不同表现,如同一个树叶的圆和绿是共同存在的不同表现一样。

就好像一个水分子没有水的清澈,$(\delta t, \delta E)$ 既不是时间,也不是能量。时空碎片 $(\delta t, \delta E)$ 是非时非空但是产生着时空的存在。然而时空碎片从来不以独立形式存在。因为现实世界没有非时非空的单独的客观存在,至少对于我们的认识有此规定。时空碎片的存在性就在于时空碎片在产生着时间和空间。

时空碎片是流时论的核心。(见 3.1 节)

 ## 2.7　　时空元

浪浪的消解产物是本底时空元,简称时空元,记为 $(\Delta t, \Delta E)$。浪浪完成一次消解产生一个时空元。一个时空元由一次消解产生的所有时空碎片生出。浪浪生出时空碎片并决定时空碎片生出时空元。只说 δt 的排列构成 Δt,而 δE 相加生成 ΔE。只要 δt 决定 Δt 的单向性,再无任何规定。更不规定由多少个 δt 生成一个 Δt,由多少个 δE 生成一个 ΔE。我们对 Δt 的大小和 ΔE 的大小只是求众多数量的平均值,但不具体到规定一个独立的时空元的大小。

时空碎片产生着时空表现在时空碎片产生时空元。定义 $(\delta t, \delta E)$ 是一个时间点。这个定义虽然迁就了我们根深蒂固的数学点概念和经典物理概念,但是时间点 $(\delta t, \delta E)$ 却不是为零的瞬间。

最小能量不是 $(\Delta t, \Delta E)$ 而是 $(\delta t, \delta E)$。$(\delta t, \delta E)$ 的排列影响钟的快慢。影响时间,必然影响能量,我们把从浪浪到时空碎片再到时空元看作流时论的理论开端部分的概念。从时空元开始上溯到时空碎片和浪浪,是认识论的彼岸世界。如果$(\delta t, \delta E)$的排列影响$(\Delta t, \Delta E)$的时间快慢,也必然影响$(\Delta t, \Delta E)$能量的大小。我们假定,作为时空元$(\Delta t, \Delta E)$整体,时空元所具有的能量不是永久不变的。把$(\Delta t, \Delta E)$的内部与$(\Delta t, \Delta E)$的外部所处物理系统作为一个整体考虑,能量是守恒的。然而因为$(\Delta t, \Delta E)$数量巨大而且存在能量平均值,因此我们把物体或微观粒子的能量改变都视为源自时空元数目的变化。

空间性是从$(\Delta t, \Delta E)$开始的。如果$(\delta t, \delta E)$具有空间性,$(\Delta t, \Delta E)$就会有空间结构,特别是有维度结构,这就会使$(\delta t, \delta E)$失去最小性。因此$(\delta t, \delta E)$没有空间性,空间性只能从$(\Delta t, \Delta E)$开始,但$(\Delta t, \Delta E)$还不是空间。$(\Delta t, \Delta E)$非空间但却产生着空间。把ΔE定义为空间的点。(见3.1节)

2.8　关于能量守恒

浪浪生出时空碎片是否违反能量守恒?现实世界绝对不容许破坏能量守恒。量子力学关于不确定原理有容许能量短期不守恒的说法。例如在论述霍金的辐射物理机制的时候,"延伸狄拉克真空的思想,可以得出真空涨落的概念 …… 在真空中不断产生虚的正、反粒子对,它们的产生不遵守能量守恒定律。但这一过程十分短暂,产生的正反粒子对又很快湮灭,恢复为真空态"[2]。流时论已证明真空起伏是永远能量守恒的,没有不守恒的任何时刻。(见8.5.2小节)

能量守恒定律一直被限于只叙述能量的数量。而它的最重要部分则是能量创生和消失的条件。因为我们已把大自然归之于时间和能量,因此,能量守恒的最重要部分是说,能量不消灭能量,能量不创生能量。这个叙述也包含了能量数量的不变。能量不会从无生出有,也不会从有归之无。生成时空碎片并不是能量生成能量。因此不违背能量守恒。(见 3.1 节)

2.9　本底时空

把时空元的无穷集合称为本底时空。本底时空就是流时论所追寻的物质性的物理时空。它就是给予我们以时空观念的客观存在。随着本底时空中集聚态物质密度的增加,生出闵氏时空、史瓦西时空、克尔时空等等。但是另外也有集聚态时空元构成的时空。集聚态时空元构成的时空扩大了我们对时空的认识。例如粒子、铁块、蚂蚁等等,凡由集聚态时空元构成的存在都是时空。这一类时空与我们熟悉的时空相比,只是密度大,维度高,并且出现了严重卷缩的维。关于本底时空的叙述在第 3 章展开。流时论的努力,就是把相对论和量子力学逻辑一贯地安排在本底时空,并且在认识宇宙的 3 个层次宇观、宏观、微观的基础之上认识时空层次。时空层次简称时观。(见 3.4 节)

参考文献

[1] FRASER G. 21 世纪新物理学[M]. 秦克诚,主译. 北京:科学出版社,2013:129.

[2] 赵峥. 黑洞与弯曲的时空[M]. 太原:山西科学技术出版社,2005:191.

第**3**章

物理时空

　　流出的时间理论是关于时空物质性的物理理论。存在时空碎片是流时论的核心。时间的开头叫浪浪。时空碎片生出时空元,时空元构造时空及万物。时空碎片无时,时空元无空。时空碎片和时空元是非时非空但却构造时空的物质存在。中国古代有水钟、沙钟,时间似在流出,想象时空碎片也如从浪浪流出,故名。时间空间本已抽象陌生,用新概念把握时空就更抽象、更陌生。叙述的对象决定了叙述本身。这样的思维虽苦涩却表达了时空的物质性,其正确性最后由实验判定,与抽象与否无关。通过讨论浪浪的 7 个性质,认识时空碎片存在的逻辑必然性。通过讨论平方反比定律,认识能量的空间性。最后建立本底时空。本底时空元的 4 个固有时空行为及本底时空元数密度流和数密度梯度是流时论应用的基础。借此流时论把相对论和量子力学自然安排在一个统一的理论框架之内并能保持自洽。

 # 3.1　时空碎片

　　大自然的任何变化都是物质的变化,除此再无其他。时间原理说,时间是物质的唯一运动。由狭义相对论,我们把物质和能量看是同一个客观存在。无论是在哲学上还是在物理学上,流时论都不打算再对这两个概念加以区分。我们还会使用这两个词,只是为了在不同的语境,由于纯粹的习惯原因勾起更加形象的联想。借助时间原理和狭义相对论,我们可以把物质、运动、时间、空间、能量、序性这 6 个概念都归结为时间和能量[1]。空间是导出概念。这些似为哲学实为物理的讨论这里省去。然而后边的展开证明这些讨论在理论上是合理的。这两方面的一致就是我们提出存在时空碎片的原因。能量是客观存在的,时间当然也是客观存在的。人们总习惯于认为能量比时间更实在。但是时间原理要求把能量和时间都看作客观存在。客观存在的事物之间没有存在性的虚实之分。既然时间和能量是同一个客观存在的两种存在方式,那么,任何能量都要有一个时间开端。于是我们不得不认为有一种客观存在并称之为浪浪。浪浪处于我们理论所言逻辑链条的开始部分,像几何公理一样在流时论之内不讨论[2]。由时间原理,能量必须有颗粒性,或称分立性。因为如果没有分立性的规定,就不会有能量自己的时间。那样全宇宙的任何存在都会处在时间无差别的绝对统一的混沌状态,这与事实不符。时间因而也是颗粒的,即为分立的。认识对象决定认识方法。所研究对象的性质,决定认识主体的思维方式。人类是在宏观生活环境中进化的,因此对超出宏观层次的真知

灼见必定觉得怪诞。事先有这个思想准备会是有益的。

关于时间原理要求存在浪浪的说法归纳如下：

① 能量必须有时间开端。任何物理过程都是物质过程,时间开端必是真实的客观存在。

② 由条 ① 可知,能量有分立性,即能量以颗粒形式存在。

③ 由条 ② 和时间原理可知,时间以颗粒形式存在。

④ 时间开端当然是客观存在的,并且必须是客观存在而不是理念。

⑤ 时间原理作为我们理论的逻辑链条的开端,它所要求的时间开端我们称之为浪浪。

为了实现时间原理的要求,浪浪必然有以下 7 个性质:

（1）浪浪有消解行为,它的消解元消解出一个存在物 δt。δt 是最短时间,因为 δt 不能再分割了。不存在比 δt 更短暂的过程。各个最短时间 δt 是否相等我们也无法得知,因为不存在度量 δt 的机制。只知道 $\delta t > 0$ 就可以了。这是时间原理规定的时间的分立性。最短时间还不是时间。铁块有温度,单独一个铁原子无所谓温度。单独的 δt 也不表达单向性。

（2）δt 再也不会回到浪浪,因此时间的单向性是绝对的。已存在的 δt 与浪浪无关。

（3）浪浪的消解产物 δt 也是最小能量。同一个事物,认识不得不从它存在的几个方面去把握它。说树叶是绿的,同时也说树叶是圆的,说的是同一片树叶。把最小能量记为 δE。能量再分也不可能比最小能量更小了。这是时间原理规定的能量颗粒性与时间颗粒性的统一体。最小能量还不是能量。

用符号 $(\delta t, \delta E)$ 标记浪浪消解元的消解产物,并且把这个统一体称为时空碎片。每个 $(\delta t, \delta E)$ 都是一个分立体。同一个分立体 $(\delta t, \delta E)$ 有两个物理性质，对应两个物理量。δt 和 δE 是这两个物理量的量度。已存在的 $(\delta t, \delta E)$ 与浪浪无关。对于 $(\delta t, \delta E)$ 的能量表达形式，没有任何规定。

时空碎片既是最短时间，也是最小能量，但还不是时间或能量。

由于时间原理的限制，这里的 δE 除了是 δt 的能量之外，再不容许有别的规定性。任何别的规定性都否定了 δE 的普遍性，从而破坏了 $(\delta t, \delta E)$ 的普遍性，以致 $(\delta t, \delta E)$ 无法描写时间原理对时间普遍性的规定。

（4）浪浪有有限个消解元。浪浪的消解元以整体方式行事。浪浪所有消解元每个都完成一次消解就说浪浪发生了一次消解。各 δt 鱼贯排列或叠加产生 Δt，它们都指向未来，保证了时间的单向性。δE 的累积产生 ΔE。用 $(\Delta t, \Delta E)$ 表示一个浪浪的一次消解。把 $(\Delta t, \Delta E)$ 叫作本底时空元，简称时空元。大自然的任何变化都归结为能量的改变。改变的量小到 ΔE 就不能再小了。要么改变量至少为 ΔE，要么未曾改变。

（5）一个浪浪的每一次消解，其 Δt 不一定相等，ΔE 当然也不一定相等。对于已经存在的 $(\Delta t, \Delta E)$，在一定条件下，一个 $(\Delta t, \Delta E)$ 的 $(\delta t, \delta E)$ 的重排列改变 $(\Delta t, \Delta E)$ 的 Δt，Δt 改变的宏观表达或微观表达，是时间膨胀或时间收缩。时间改变小到 Δt。同样的，能量改变小到 ΔE，Δt 和 ΔE 都会因为 δt 的重排而有变化。

（6）每个 $(\Delta t, \Delta E)$ 的 $(\delta t, \delta E)$ 由 δE 的存在，保证浪浪赋予 δt 排列方向的永恒性和一致性。而 ΔE 的存在保证 Δt 方向的永恒性和一致性。

(7) 相互分立的各个 $(\delta t, \delta E)$ 总是以 $(\Delta t, \Delta E)$ 的组合形式存在。对于已经存在的 $(\Delta t, \Delta E)$，分立的 $(\Delta t, \Delta E)$ 是序的来源。$(\Delta t, \Delta E)$ 的相互关联构成宇宙万物。

我们用这 7 条阐释了时间原理。由时间原理出发把浪浪作为终极存在而把时空碎片作为构成时空及万物的基础分立体所建立的时空理论称之为流出的时间理论,简称流时论。时间原理本身只是界定了时间与能量原是同一存在之不同规定性以及这两个客观存在连同它们二者之间的关系作为最广泛客观存在的地位。时间原理是关于时间开端、时空碎片和本底时空元及其相互关系作为逻辑开端的总体表述。

在我们的逻辑链条中,对于能量的变化,我们只研究到整体 $(\Delta t, \Delta E)$ 的个数的变化。至于超越分立体 $(\Delta t, \Delta E)$ 整体即深入 $(\Delta t, \Delta E)$ 的能量变化,除了 δt 重排引发的变化之外,我们既不知道那是指什么,更不知道那样的能量守恒意味着什么。我们只是说,δE 按 δt 排列的累积产生 ΔE。我们的逻辑链条向源头追溯到此为止。

有人反驳说,在有时空碎片之前,没有时空性质,于是浪浪竟然没有时空性质。流时论说,确实没有。而且时空中的认识主体能否认识没有时空性质的客体也不知道。正如前边说过的,我们不会更多地关心浪浪,只关心通过时空碎片所建立的物理时空理论是否符合实验。浪浪只是一个可能的哲学难题。

在以后的叙述中,我们总是把 $(\Delta t, \Delta E)$ 作为能量或时间的基本单元在反复使用。这是因为 $(\Delta t, \Delta E)$ 个数太多并且每一个 $(\Delta t, \Delta E)$ 的能量和时间都可能十分接近一个平均值,即使发生着 δt 的重排,我们也常常把 $(\Delta t, \Delta E)$ 作为最小的能量单元使用,这是因为,构

成万物的是 $(\Delta t, \Delta E)$，从来不会有独立于 $(\Delta t, \Delta E)$ 的 $(\delta t, \delta E)$ 出现。另外，后文将表明，空间性质从 $(\Delta t, \Delta E)$ 开始，$(\delta t, \delta E)$ 没有空间性。单独的 $(\Delta t, \Delta E)$ 还不是空间，而在宇观、宏观、微观的任何真实的物理过程中能量的变化，都是 $(\Delta t, \Delta E)$ 数目的改变。或者说系统能量的增减只看作 $(\Delta t, \Delta E)$ 数目的改变。而 Δt 或 ΔE 的变化则是比宇观、宏观、微观更深入的宇宙层次的事。一句话，一物体的时间变慢发生在 $(\Delta t, \Delta E)$ 之内，一物的能量改变是 $(\Delta t, \Delta E)$ 个数的变化。

　　我们直接把时间看作存在的物。就其真实客观存在这一点来说，与石头、蚂蚁、铁块一般无二。我们强调时间就是物质，把时间与物质分离的任何道路都堵断。时间像能量一样是真实的存在物。我们已经用时空碎片 $(\delta t, \delta E)$ 来标记这种存在物。

　　序性归结为时间性，是因为时间的单向性。$(\Delta t, \Delta E)$ 包含的序性在 $(\Delta t, \Delta E)$ 的行为过程中会展现出来。于是宇宙开始是最高序状态，因此我们的宇宙总是在向越来越混乱的方向自动变化的。

　　时空碎片概念似乎违背能量守恒定律。能量守恒定律曾被表达为能量的存在与时间无关。就是说，能量就其量值的大小来说，与绝对均匀流逝的时间无关。但是绝对均匀流逝的时间并不存在。能量与它自己的时间是不可分离的。这个表达已经不准确。能量守恒定律表达为，在能量形式发生变化的时候，能量不创生也不消灭。因为能量转化过程中可以改变能量的只有能量，因此能量守恒的真实本意是指，能量既不创生能量，能量也不消灭能量。于是时空碎片概念没有违背能量守恒定律。

3.2 空间是能量的存在形式

3.2.1 平方反比定律

我们要讨论万有引力公式和库仑公式,它们都是距离平方与力成反比的形式。距离函数 $1/r^2$ 中幂指数取 2 是高度准确的。对于万有引力,从 0.2 cm 到 10 万光年是一个非常大的距离跨度,十万光年是 0.2 cm 的 4.73×10^{23} 倍。在这样的跨度上,$1/r^2$ 的幂指数 2 也准确不变。

对于库仑力,在几十 cm 范围内,库仑幂指数与 2 的差小于 10^{-9}。对氢的能级的相对位置的测量,证实了在 10^{-8} cm 范围内,幂指数与 2 的差也小于 10^{-9}。核物理表明,在 10^{-13} cm 范围内,静电力存在,而且幂指数取 2 仍然有效。

这些都是广为人知的。综合考虑万有引力定律和库仑定律,平方反比形式的定律成立的范围是非常大的。 从 1.3×10^{28} cm 到 10^{-13} cm 是一个巨大的跨越,前者是后者的大约 10^{40} 倍。平方反比定律反映了大自然非常普遍的性质。另外,库仑力要比万有引力强度大得多。两个电子之间的库仑斥力是两个电子之间万有引力的 4.17×10^{40} 倍。在极强和极弱的力的情况下,平方反比定律也都成立。

平方反比定律在许多极不相同的情况下都不偏离 $1/r^2$,说明距离确实参与了这些物理过程。空间也像产生引力的物体或产生电作用的电荷一样,是引力过程或电力过程必不可少的参与者之一。因此空间也像质量和电荷一样具有物理实在性[3]。

如果平方反比定律的 r 不是描写某种空间形式的物质实在,那么对于 r 来说,1 km 长的一无所有与 1 m 长的一无所有能有什么区别呢? 这么随意,平方反比定律怎么能够严格地不偏离 $1/r^2$ 呢? 平方反比的保守场势能怎么会守恒呢? 因此,距离也像质量和电荷一样对引力或静电力有贡献,距离也像质量和电荷一样具有客观实在性。于是空间一定是客观存在的物质。因为空间具有物质真实性,由速度的客观实在性,我们也可以理解时间的客观真实性。

3.2.2　空间的能量原理

由广义相对论,在 4 维时空,引力能越大,时空弯曲越严重。由此启示我们想到,随着能量密度大过一个临界值,空间维度就会有所增加,这个新增的维度弯曲到卷缩。

空间的能量原理　空间是能量,能量的存在方式是空间。空间的最低维度是 3。能量密度大过临界值,能量的空间维度就增加[4]。

对空间能量原理的 6 条解释:

① 空间是能量的存在形式,再无其他任何能量存在形式。

② 能量必定以空间形式存在。

③ 能量密度最小的存在状态是平直空间。

④ 3 维是空间最低的维度。

⑤ 能量密度超过临界值,就会产生新的空间维度。

⑥ 能量存在的维度不同,密度也不同,计量密度的几何也不同。但是维度可以对密度临界值标记层次。

所谓维度就是能量的维度。我们习惯了的空间维度显然也是能量的维度。

 ## 3.3　时间点$(\delta t, \delta E)$ 与空间点 ΔE

这里要回答一个问题,假定 ΔE 有空间性,为什么不假定 δE 有空间性呢? 更何况一开始就假定了 δt 是最短时间。其实这是时间原理的要求。时间原理要求描写时间的$(\delta t, \delta E)$ 有最广泛的普遍性,从而对 δE 不能有任何更多的规定。δE 具有空间性质就是对 δE 的一个规定,从而也是对$(\delta t, \delta E)$ 普遍性的否定。这样的$(\delta t, \delta E)$ 不能描写时间原理。确实,假定 δE 有空间性,时间原理就不存在。因为时间原理并未提到空间性。事实上,如果假定 δE 有空间性,$(\Delta t, \Delta E)$ 就会有几何结构,时间原理作为逻辑上展开的出发点被否定。δE 作为最小能量如果有结构,它的最小性也被否定了。但是由$(\delta t, \delta E)$ 生出的$(\Delta t, \Delta E)$ 可以不受这个限制,ΔE 当然也不受这个限制。

类时点是$(\delta t, \delta E)$,最小时长是 δt。因为有了$(\Delta t, \Delta E)$ 之后,能量才表现出了空间性。也就是说,能量的空间性是到了$(\Delta t, \Delta E)$ 才有,并由$(\Delta t, \Delta E)$ 表达。ΔE 是最小的体积,或最短距离的实体。因此,最短的空间距离是由 ΔE 构成的。说它最短,是因为作为距离它无法再分解,尽管各 ΔE 决定的距离长度并不一定相等。

可见时间与空间的地位是不同的。

时间与空间组成统一的时空。时间曾经以 δt 存在,但是空间只在有了 ΔE 才存在。闵可夫斯基说独立的时间不存在,独立的空间也不存在,只有它们的联合才是真实的。现在看来此话的本来含义,其实是说空间不能独立于时间而存在。

δt 是最短的时长,我们把$(\delta t, \delta E)$ 定义为本底时空的类时点。

ΔE 是最短的距离,我们把 ΔE 定义为本底时空的类空点。$(\delta t, \delta E)$ 有时间意义和能量意义,却没有空间意义。虽然在最短距离以下仍然有客观存在的变化过程,但是,在最短距离以下的过程,只有能量性质和时间性质而没有空间性质。因此,在最短距离 ΔE 以下的客观变化过程,与 ΔE 以上客体的变化过程有极大的差别。联系二者的则是 $(\delta t, \delta E)$ 与 $(\Delta t, \Delta E)$ 的关系。我们把 $(\delta t, \delta E)$ 分开写成 δt 和 δE 的时候,前者表达时间性,后者却不表达空间性。我们把 $(\Delta t, \Delta E)$ 分开写成 Δt 和 ΔE,前者表达时间性,并且时长可能因外部条件而变化;后者表达最小空间,却没有维度性质。ΔE 还不是空间。ΔE 与维度相关是指大量的 $(\Delta t, \Delta E)$ 才有维度性质,就好像单个的分子与温度相关,而却只有大量分子的情况下才有温度这种物理真实。一个 $(\Delta t, \Delta E)$ 就是一个空间点 $(\Delta t, \Delta E)$ 与许多时间点 $(\delta t, \delta E)$ 的组合。

在 ΔE 以下有时间性却没有空间性,有时间点却没有空间点。越出 ΔE,却是若干个时间点对应一个空间点,也就是若干个点 $(\delta t, \delta E)$ 对应一个点 ΔE。当然了,对于一个本底时空元,如果不计较时间点太多,那么,时间点与空间点形成一个时空点我们还是习惯的。唯有许多时间点与一个空间点对应的情形很是生疏。但是这是由时间原理按逻辑一步一步走过来的,而且时间与空间的地位确实不平等,或者说在物理公式中往往不对称,因此我们还是得把这种时间点看作一种物理真实。

静电的库仑定律或牛顿万有引力公式中距离 r 趋于零会引出无穷大,是因为要在没有空间性质更没有维度性质的范围内计算距离。趋于零和趋于无穷大有同样的风险。

小于最短距离的情况下,当然没有长度和角度性质。是否有拓

扑的附贴和粘连性质呢？应该没有，因为拓扑性质是空间性质之一。

真实的时间点与数学点不同。真实的类时点是一个不能再短但大于零的时段。数学点只是数学语言的一个词，它不具有物理真实性。自然界不存在等于零的时间点。而在类空，作为空间的点，我们只能说，最短的距离是有正数下限的。或者说，自然界不存在等于零的距离。

$(\delta t, \delta E)$ 决定了时间只有单向结构，$(\Delta t, \Delta E)$ 决定了空间有多维度结构。

3.4 本底时空的物质构成

本底时空是以后的理论平台，在逻辑合理的条件下，我们的叙述尽可能提前丰富这个平台。

把时空元 $(\Delta t, \Delta E)$ 的无穷集合称为本底时空。本底时空就是我们追寻的物质性的物理时空，是所有其他各种时空的构成基础。本底时空是一切对称的起源，也是一切序的起源。用符号 $\{(\Delta t, \Delta E)\}$ 表示本底时空，好像是说，本底时空是 $(\Delta t, \Delta E)$ 的集合。它就是我们平常所说的空荡荡的东西，其实它比我们平日生活中认为的空荡荡还要更空。

因为 $(\delta t, \delta E)$ 与 $(\Delta t, \Delta E)$ 的关系，任何 n 维空间都是 $n+1$ 维时空。

由前文我们知道，自然界并不存在经典意义的时空点，当然也不存在量子意义的时空点。在大于普朗克距离 10^{-33} cm 和大于普朗克时间 10^{-43} s 的情况下，把 $(\delta t, \delta E)$ 与 $(\Delta t, \Delta E)$ 视为一个时空点是一个近似,虽然我们不知道我们近似的东西具体是什么,但是这是一个很好的近似。正像当初牛顿力学是对狭义相对论的一个很好的近似但牛顿并不知道他所近似的是狭义相对论一样。在较大尺度,我们在本底时空仍然使用这个近似。因此现在所有含时间的公式都是近似的。

单独的水分子没有水的清澈。时空碎片还不是时间,时空元也不是空间。但是众多时空碎片组成的时空元就有了时间性,众多的时空元组成了时空。流时论成功地把时间归结为非时空的更基本存在的生成物,彻底把时间、空间划入物理学的研究对象。

由于构成本底时空的物质分类与本底时空元的固有时空行为有关,我们就按固有时空行为分类叙述物质构成。纯粹为了叙述安排的需要,下边提到高维卷缩结构[1]、引力[1]和时空弯曲[1]等等,这些以后另文都要细讲。但是会看到逻辑链条的严密性一直保持。凡临时出现的概念,在逻辑链条全貌中一定有合法位置。另外,文中号码排序的个别颠倒只是早期的习惯。

3.4.1　第 2 种固有时空行为

我们假定,在任何情况下,本底时空的$(\Delta t, \Delta E)$总是首先形成伸展的4维时空。3个类空维,1个类时维。我们把$(\Delta t, \Delta E)$形成伸展的4维时空的行为称为$(\Delta t, \Delta E)$的第2种固有时空行为。于是在本底时空中,就有了尺度性质,因此,在本底时空数密度概念是有意义的。我们把构成4维时空的$(\Delta t, \Delta E)$的平均数密度记为ρ_4。把本底时空中的$(\Delta t, \Delta E)$所处的状态称为自由状态。把本底时空中自由状态的$(\Delta t, \Delta E)$的平均数密度记为ρ_A,ρ_A是个常数。因为只有本底时空中的自由状态的$(\Delta t, \Delta E)$对ρ_A有贡献,因此把本底时空

中自由状态的$(\Delta t, \Delta E)$也称ρ_A态$(\Delta t, \Delta E)$,显得方便。

本底时空的ρ_A态$(\Delta t, \Delta E)$构成伸展的4维时空,但并不是所有的ρ_A态$(\Delta t, \Delta E)$都参与构成伸展的4维。还有不是构成4维时空的ρ_A态$(\Delta t, \Delta E)$存在。这些不处于任何维度织构的ρ_A态$(\Delta t, \Delta E)$,我们把它们称为无维度状态的ρ_A态$(\Delta t, \Delta E)$。伸展的4维时空加上无维度的自由的$(\Delta t, \Delta E)$才是本底时空。ρ_A是伸展的4维时空中的$(\Delta t, \Delta E)$和无维度的自由$(\Delta t, \Delta E)$的数密度的总和。从对尺缩钟慢的讨论来看,ρ_A可能是一个真正的常数[5]。因为本底时空的时间快慢与ρ_A相对应,ρ_A变,全宇宙的时间快慢变。本底时空局域的时间快慢变化,正是决定于该局域时空元数密度ρ_B的大小。

3.4.2 第1种固有时空行为

3.4.2.1 纤细物质

我们假定,本底时空中ρ_A态$(\Delta t, \Delta E)$的数密度ρ_A超过一个临界值,$(\Delta t, \Delta E)$就会发生集聚,把这个临界值记为ρ_1。在局域中ρ_1可以不是平均数密度。把本底时空中ρ_A态$(\Delta t, \Delta E)$的集聚行为称为$(\Delta t, \Delta E)$的第1种固有时空行为。

本底时空元$(\Delta t, \Delta E)$的集聚产物叫作能团。称发生过集聚的$(\Delta t, \Delta E)$所处状态为集聚态。集聚态$(\Delta t, \Delta E)$对ρ_A无贡献。除了产生纤细物质(t, ε),第1种固有时空行为与任何能团无关。只要

$$\rho_A > \rho_1 \qquad (3.1)$$

本底时空中$(\Delta t, \Delta E)$的第1种固有时空行为就会发生。可能本底时空中有某局域,例如若干个$(\Delta t, \Delta E)$相遇的情形,该局域数密度ρ_B一旦大于ρ_1,就会发生第1种固有时空行为产生的集聚。但是因为宇宙当下在加速膨胀,就考虑广大本底时空的平均值而言,目下

确实是

$$\rho_A < \rho_1 \tag{3.2}$$

两个 $(\Delta t,\Delta E)$ 集聚,其时间性由两个 Δt 共同决定,它们都指向未来。因为它们总是一致的,保证了时间的单向性。

　　若干个 $(\Delta t,\Delta E)$ 集聚,其时间性与两个 $(\Delta t,\Delta E)$ 集聚类似。所有 ΔE 简单相加,所有 Δt 同向。在 ρ_A 状态下,形成的能团称为纤细物质,记为 (t,ε), t 是它的时间, ε 是它的能量。

　　参与集聚的 $(\Delta t,\Delta E)$ 变得对 ρ_A 无贡献,只要满足式(3.1),本底时空中的 $(\Delta t,\Delta E)$ 就在减少。来自浪浪的 $(\Delta t,\Delta E)$ 会不断地向本底时空补充。由此可以想见,本底时空总是在创生、变化、灭亡中存在。本底时空是运动着的存在。它的存在就是时间性。反过来也可以说,它的时间性就是它的存在。就较大尺度比较而言,本底时空是最平直最平静的时空,但是在它的最短距离临近,永不停息地发生着急促的变化。在最短距离以下,是更急促的 $(\delta t,\delta E)$ 的变化。由于 δt 太小了,所言变化急促的程度比任何有过的物理描述都更严重。这是本底时空最忙的存在。与集聚态的 $(\Delta t,\Delta E)$ 的数密度相比,当下本底时空的 $(\Delta t,\Delta E)$ 的平均数密度总是极小的。

　　如果本底时空的某局域 Σ 中 ρ_A 态 $(\Delta t,\Delta E)$ 的平均数密度小于 ρ_A,我们就说该局域对 ρ_A 发生了负偏离,如果大于 ρ_A,就说发生了正偏离。以后为了便于叙述,我们往往把 Σ 中 ρ_A 态 $(\Delta t,\Delta E)$ 的平均数密度直接说成数密度。显然, Σ 一旦有正偏离或负偏离, Σ 中必然有数密度的不均匀分布,这就是数密度场。数密度场会有非零数密度梯度,并且可以认为,此时在 Σ 中也会存在数密度流。有负偏离必有非零梯度这句话在产生 (t,ε) 的过程中例如引力过程中才正确并且一定正确。数密度梯度将是应用的主线。

3.4.2.2　高维卷缩结构

本底时空中不但会集聚出纤细物质 (t,ε)，只要有条件，ρ_A 态 $(\Delta t,\Delta E)$ 也会集聚产生出粒子。质量为 m 的能团记为 $\{(\Delta t,\Delta E)_m\}$。

一个能团 $\{(\Delta t,\Delta E)_m\}$ 的能量当然也有空间特性。广义相对论证明能量会使时空弯曲。当一个能团的密度大到一个临界值的时候，它可以是卷缩在本底时空一隅的一个高维的存在，它的卷缩维度会与 4 维时空的平直维度形成统一的高维卷缩结构。因而高维卷缩结构所在的 4 维时空局域，既会保持 ρ_A 态性质，也会发生弯曲。这种弯曲还会延伸到高维卷缩结构之外。高维卷缩结构引起的 4 维弯曲及 4 维弯曲延伸，当然只能由 ρ_A 态 $(\Delta t,\Delta E)$ 在弯曲和弯曲所延伸的局域中的数密度对于 ρ_A 的正偏离和数密度梯度来实现。显然，高维卷缩结构的边缘是不会清晰的。我们把这个正偏离部分称为量子广延。把量子广延平均数密度记为 ρ_G。说能量具有空间本性，能量必定撑起空间，是指大量 ΔE 的行为而言的。粒子的能量密度要求在伸展的 4 维时空之上再叠加上 7 个空间维度，形成 11 维的高维卷缩结构。11 维是借弦理论的想法。这个 11 维时空就是高维卷缩结构的 11 维。

以后专用 $\{(\Delta t,\Delta E)_m\}$ 表示高维卷缩结构。例如，质子就不是高维卷缩结构，质子是由 2 个上夸克和一个下夸克 3 个高维卷缩结构组成的。高维卷缩结构构成一切微观粒子[6]。

只要数密度大于 ρ_1 成立，ρ_A 态 $(\Delta t,\Delta E)$ 就会产生 (t,ε)。但是高维卷缩结构则需要更严格的条件才能由本底时空生出[1]，更严密的逻辑推理以后另文叙述。

裂变能是把原子核变小放出来的，聚变能是把原子核变大放出来的。核能未改变原子核中的中子、质子自身。好像搭积木,积木块自身的大小和形状没有变化,只改变了组合方式。恒星在严酷的条件把巨大的核能"压进"或"放出"原子核,但未曾改变中子和质子。即使是粒子之间的相互作用,也是在保持高维卷缩结构这个条件下进行的。可见要形成高维卷缩结构需要更严酷得多的条件。对等的,"打开"高维卷缩结构的条件也更严酷。而其中的能量密度要比核能大出若干个量级,我们把这个能量称为卷缩能。所谓打开不是回到 ρ_A 态,分到 (t,ε) 后高维卷缩结构就不存在了。

3.4.3　第3种固有时空行为

世界的统一性在于物质性。时空性是物质性统一的最重要的具体体现。任何能团都是时空存在,都有维度,并且因密度不同而维度不同。任何能团中的集聚态 $(\Delta t,\Delta E)$ 都与本底时空中的 ρ_A 态 $(\Delta t,\Delta E)$ 发生着相互作用,这就是能团关于物质统一性的体现。这种相互作用不断地把 ρ_A 态 $(\Delta t\ \Delta E)$ 变为纤细物质 (t,ε),而 (t,ε) 可以高速弥散逸出。本底时空中 ρ_A 态 $(\Delta t,\Delta E)$ 保持能团时空性质的行为称为 $(\Delta t,\Delta E)$ 的第 3 种固有时空行为。在以后的展开讨论中这是引力的时空元理论的基础。

3.4.4　第4种固有时空行为

本底时空中 ρ_A 态 $(\Delta t,\Delta E)$ 之间总是会发生斥力。这就是 ρ_A 态 $(\Delta t,\Delta E)$ 的第 4 种固有时空行为。由 ρ_A 态 $(\Delta t,\Delta E)$ 的第 4 种固有时空行为,本底时空内部永远有斥力存在。如果在本底时空一个局域 Σ 内,当下的平均数密度为 ρ_B,当 ρ_B 大于 ρ_1 时由于会发生第 1 种

固有时空行为,斥力会被掩盖或者减弱。而当 ρ_B 满足

$$\rho_1 > \rho_B > \rho_4 \tag{3.3}$$

那么,这个局域就会因为内部斥力而表现出膨胀。

但是这里所说的膨胀与4维时空增长不同。必须先有4维时空增长,膨胀才有可能。众所周知,现在的宇宙是加速膨胀的,由式(3.3)我们可以断定

$$\rho_1 > \rho_A \tag{3.4}$$

现在全宇宙本底时空的当下平均数密度是 ρ_A,用 ρ_A 代替(3.3)中的 ρ_B,如果求得 ρ_A,我们就能知道 ρ_1 的下限。

除了4种固有时空行为,ρ_A 态 $(\Delta t, \Delta E)$ 还有其他时空行为,统一称之为一般时空行为。不论是否发生一般时空行为,固有时空行为都确定无疑地在发生。我们约定,在讨论一般时空行为的时候,如无必要,一般不会提及同时正在进行中的4个固有时空行为。

由 ρ_A 态 $(\Delta t, \Delta E)$ 具有4个固有时空行为可知,ρ_A 态 $(\Delta t, \Delta E)$ 穿过高维卷缩结构和 (t, ε) 没有任何阻碍,(t, ε) 穿过高维卷缩结构也是这样的。因为不满足光速极限参照系条件,自由态时空元 $(\Delta t, \Delta E)$ 和纤细物质 (t, ε) 都做超光速运动。由于高维卷缩结构是光速恒定的必要条件,因此存在超光速运动与相对论无矛盾。至于为什么是必要条件,这里虽然用到这个条件,但是以后会证明,这个条件是流时论整体逻辑链条上合理的一环[7]。(见9.3节)

3.4.5 物质密度决定自身的物理时空

以后在研究引力的时空元理论的时候就会知道,集聚态 $(\Delta t, \Delta E)$ 与 ρ_A 态 $(\Delta t, \Delta E)$ 对时空的影响不同。如果本底时空中某局域 Σ 中的集聚态 $(\Delta t, \Delta E)$ 加入了或增加了,Σ 就会发生时空弯曲或更

加弯曲。集聚态 $(\Delta t,\Delta E)$ 形式的能量加入或增加引起时空弯曲是因为第 3 种固有时空行为在起作用。而如果 Σ 中的 ρ_A 态 $(\Delta t,\Delta E)$ 减少了, Σ 也会发生引力现象。至于如何发生时空弯曲以后讨论。当 Σ 中 ρ_A 态 $(\Delta t,\Delta E)$ 增加了又将如何,也在以后讨论。

为了行文方便,把由集聚态 $(\Delta t,\Delta E)$ 构成的能量称为集聚态能量。高维卷缩结构和纤细物质都是集聚态能量。显然,粒子和物体都是集聚态能量。以后会看到集聚态物质的动能也是集聚态能量。

把由 ρ_A 态 $(\Delta t,\Delta E)$ 构成的能量称为自由态能量。ρ_A 态 $(\Delta t,\Delta E)$ 数密度场的能量是自由态能量。

从本底时空 $\{(\Delta t,\Delta E)\}$ 开始,随着其中集聚态能量的增加,将会产生多种多样的时空。集聚态的任何能量都会使 4 维时空发生弯曲。达到一定密度的任何能量都会作为高维卷缩结构叠加在 4 维时空。弯曲和翘曲是不同的,等效原理不要求时空翘曲,通常引力质量只能使时空发生弯曲,但集聚态能量密度大到一定值的时候,时空不但弯曲而且可能会发生卷曲、卷缩乃至翘曲。

物质密度决定物质存在的时空形式。巨大的密度差异造成物质存在的物理时空差异。物理时空的形式是无穷的。现在列出物质密度最低或非常低的几种重要的物理时空。

重要物理时空罗列:

(1)伸展的 4 维时空:其 ρ_A 态的 $(\Delta t,\Delta E)$ 平均数密度为 ρ_4,它是理想平直的时空。

(2)本底时空:由伸展的 4 维时空加上无维度的 ρ_A 态 $(\Delta t,\Delta E)$ 形成的时空,其 $(\Delta t,\Delta E)$ 平均数密度为 ρ_A。当然总是 $\rho_4 < \rho_A$。总之,自由态时空元的无穷集合构成本底时空。

（3）虚空：本底时空和其中的(t,ε)构成的共同体称为虚空。这里不用真空概念是因为真空这个概念现在已经十分复杂。以后的讨论中把(t,ε)看作暗能量[1]。以后将叙述，从时间开始之后就产生(t,ε)；大爆炸产生了宇宙规模的相当量(t,ε)；以后139亿年间又以种种方式按照宇宙规模产生着(t,ε)，因而(t,ε)是虚空的主要成分。显然，虚空是宇宙的主体。如此大规模的物质存在，一直以来被笔者认为是流时论的致命伤，但是暗能量概念解除了流时论这个危机。

（4）闵氏时空：闵氏度规$\eta_{\mu\nu}$成立的时空。

显然可以自动得出，宇宙是从低熵开始的。当初的宇宙几何是空间平直的，是时间均匀和处处同时的。即使是发生了大爆炸，而大爆炸之后直到当下，宇宙几何仍然是空间高度平直的。

现在写出本底时空物态方程

$$p = \Delta E(\rho_A - \rho_1) \tag{3.5}$$

式中，$\rho_A > \rho_4$；p是本底时空内部压强；ΔE是把时空元数密度转换成能量密度[8,9]。（见5.2节）

当$\rho_A < \rho_1$时，按ρ_1的临界性质，本底时空表现内部排斥力，是膨胀的。$\rho_A - \rho_1 < 0$对应$p < 0$。

当$\rho_A > \rho_1$时，按ρ_1的临界性质，本底时空表现内部收缩力，是收缩的。$\rho_A - \rho_1 > 0$对应$p > 0$。

影响宇宙膨胀的主要因素是式（3.5），随着ρ_A值的下降，宇宙从减速膨胀，在ρ_A小于ρ_1之后变成加速膨胀。除此之外，因为虚空的主要成分是纤细物质，因此，还有纤细物质的引力起重要作用。这些在关于宇宙常数的文章中讨论[1]。

虽然我们一直追寻物质性的物理时空，但当我们面对物质性物理时空的真实描写的时候,我们会发现时空与物体有本质的不同。构成物体的时空元主要是集聚态的、能量高密度的;构成我们平时所说时空的时空元是自由态的,并且是能量密度几乎最低或者很低的。这就解释了几千年来的哲人为什么一直无法找到时空具有物体一样的物质性。

4 维时空是给予我们时空观念、特别是空间观念的客观存在。铁块和石头很难被视为时空,因为它们与我们已有的时空观念在表面上几乎没有共同之处。然而物理学家们在理论上越熟悉黑洞,越觉得黑洞就是时空。也就是说,黑洞表现得跟我们观念中的时空形象十分接近。如果我们放弃表面现象而认真追寻事物的本质,我们就一定要扩展时空观念使之符合实际。世界的统一性归结为物质性。既然 4 维时空是稀薄的物质,为什么高密度的物质就不会是时空呢? 高密度的物质形态如黑洞具有时空性质是十分明显的。于是有了以上的讨论做基础就可以说,凡具有时空性质的存在都是时空。以后我们把纤细物质、高维卷缩结构都视为时空。于是物体也可以视为时空。狭义相对论反复讲刚性量杆,因而它所说的参照系一定是物体。物体抽象为参照系,狭义相对论已经把物体作为时空处理了。物质和时间是自在的客观存在,时空是物质的存在形式。有两种时空,自由态时空元构成的时空和集聚态时空元构成的时空。

罗列几个估算值(量级)[10]:

① $\Delta E = 1.5 \times 10^{-134}$ g $= 1.35 \times 10^{-120}$ J;

② 作用量单位 $(\Delta t, \Delta E) = 1.35 \times 10^{-163}$ J·s;

③ 本底时空 ρ_A 态 $(\Delta t, \Delta E)$ 的平均数密度 $\rho_A = 3.33 \times 10^{101}$ cm^{-3};

④ 伸展的 4 维的 $(\Delta t, \Delta E)$ 的平均数密度 $\rho_4 = 3.33 \times 10^{99}\ \mathrm{cm}^{-3}$；

⑤ 宇宙中所有 $(\Delta t, \Delta E)$ 的平均数密度 $\rho_E = 3.33 \times 10^{104}\ \mathrm{cm}^{-3}$。

经过转换 ρ_E 就是宇宙当下平均密度 ρ_0。

显然，本底时空元、纤细物质等存在都不是微观层次的存在，因此，为了建立物理时空理论，流时论不得不突破宇观、宏观、微观而进入新的宇宙物质结构层次，我们把这个新层次称为时空层次。为了与已有的 3 个层次并列时叙述方便，也简称为时观。

时空碎片、时空元、纤细物质等都是时空层次的客观实在。由于修辞的原因，我们已无法把它们称为粒子。颗粒一词含义太丰，分立体一词否定性太强，借"江天一色无纤尘"一句诗，把这些时观实体称为时观纤尘。于是我们可以说，是时观纤尘构成了微观粒子。说时空元、纤细物质等时观纤尘做超光速运动就不易引起与相对论的矛盾联想了。

我们把严肃难懂的一句哲理轻松地借来帮助理清全文思路。老子说："道生一、一生二、二生三、三生万物。"浪浪算是道，生时空碎片算是道生一；时空碎片生本底时空元，算是一生二；本底时空元生高维卷缩结构和时空，算是二生三。我们近前的万事万物，还有遥远的宇宙，宇宙内容物的这 5% 作为可见物质都是由高维卷缩结构和时空这个三生出的"万物"。因此，道除了道路、道理、客观规律之外，还有第 4 个含意，那就是浪浪。老子似乎猜到了时间有开端。

3.5　总结与展望

存在时空碎片是流时论的核心。爱因斯坦用物体的广延性追寻时空的物质性,逻辑上认为先有物体后有时空。后来又用到电磁场来完善广延性。但是这条路 40 年没有走通。我们走了另一条路。坚持时空与物质同质、同源、同生,把"宇宙的统一性归结为物质性"贯彻到底,找到了时空碎片作为路标。路侥幸走通了。建立了全新的时空理论。流时论已定量化。在流时论的时空之中,相对论和量子力学自然地排在一根逻辑链条之上,并且始终保持自洽。这绝不是偶然的。流时论还建议了理论自身证伪实验方案。这就是在实验判定之前流时论之所以值得深入研究的原因。流时论是目前唯一一个严谨的、系统的、完备的时空理论。流时论抓住了时空的本质,突入到了时空层次。时观是与宇观、宏观、微观并列的第 4 个宇宙层次。

流时论是时空层次的物理理论。

参考文献

[1] 刘应平. 流出的时间理论[M]. 西安:陕西科学技术出版社, 2019:3-5,40-42,116-122,125-131,180-182.

[2] 刘应平. 流出的时间[M]. 西安:西北大学出版社,2007:39-42.

[3] 瓦尼安 H C,鲁菲尼 R. 引力与时空[M]. 向守平,冯珑珑,译. 北京:北京大学出版社,2006:1-9.

[4] 刘应平. 热与引力[M]. 西安:陕西科学技术出版社,2011:26-33.

[5] 刘应平. 量子的时间[M]. 西安:陕西科学技术出版社,2017:107-110.

[6] 李淼. 超弦史话[M]. 北京:北京大学出版社,2005:159-165.

[7] 刘应平. 尺缩钟慢机理[EB/OL]. (2020:5-6). http：// muchong. com /t-13759836-1-authorid-15308120.

[8] 俞允强. 物理宇宙学讲义[M]. 北京：北京大学出版社,2002：98.

[9] 俞允强. 热大爆炸宇宙学[M]. 北京：北京大学出版社,2001：130-135.

[10] 刘应平. 时间对话[M]. 西安：陕西科学技术出版社,2014：84-86.

第4章

时空元引力

　　我们的引力时空元理论在流时论所建立的物理时空理论中展开[1]。

　　引力理论必须体现引力是纯时空现象的根本思想,引力理论必须是关于时空构成物的分立体的理论。以广义相对论的"引力 = 时空弯曲"为基础,找到时空弯曲的物质过程[1,2,3]。本底时空是最简单的时空,研究引力首先是研究集聚态物质在本底时空中造成的引力场。万有引力公式和广义相对论都描写的是这种场合[4,5]。

　　人们知道引力和引力场很长时间了,但是一直不了解引力机制。这是因为引力是时空层次的物理现象,研究引力机制必须以新的物理时空理论作为工具。借助流时论现在给出引力的颗粒性机制[6,7]。因为引力过程是以时空元作为颗粒的颗粒性过程,称为时空元引力。用引力时空元机制推导出了万有引力公式,表示该机制

有合理性。广义相对论把引力归结为时空弯曲。利用时空元引力机制进一步把时空弯曲归结为本底时空元数密度负偏离和数密度非零梯度。指出引力能的物质形式,写出数密度负偏离梯度张量,为写出时空背景独立的时空元引力方程做准备。

 ## 4.1 引力场的物质过程

研究物体 m 与本底时空的关系。

(1)ρ_A 态$(\Delta t, \Delta E)$ 保持物体 m 时空性质的行为是 ρ_A 态$(\Delta t, \Delta E)$ 的第 3 种固有时空行为,第 3 种固有时空行为在 m 所在的本底时空局域产生了相当量(t, ε)。ρ_A 态$(\Delta t, \Delta E)$ 保持这些能团(t, ε) 时空性质的行为,进一步通过集聚产生新的(t, ε),使得 m 局域对 ρ_A 已经负偏离的 $(\Delta t, \Delta E)$ 数密度进一步负偏离。第一个偏离会因第二个偏离有所改变。后一个偏离是由前一个偏离引发的,是前一个偏离自己的次生效应。因此,由 m 引起的 m 局域对 ρ_A 的负偏离行为不是线性的。(t, ε) 一边产生一边高速弥散,产生与弥散会达到一个平衡。

(2)m 局域中 ρ_A 态$(\Delta t, \Delta E)$ 数密度的变化会以某种方式向 m 局域之外传播。因为 ρ_A 数目特别巨大而每个 ρ_A 态$(\Delta t, \Delta E)$ 的第 3 种固有时空行为产生的物理后果极小,比起 ρ_A 来,m 局域中单位体积内因第 3 种固有时空行为引起的集聚的$(\Delta t, \Delta E)$ 数目相对是极小的。因此这种集聚的传播强度可以显得最为弱小,但却不会等于零。为方便叙述,本底时空局域中 ρ_A 态$(\Delta t, \Delta E)$ 的数密度后文都简称为数密度。

(3)这种集聚使得 m 局域形成数密度场,发生数密度流,造成 m

局域负偏离和产生非零数密度梯度。次生效应也有类似贡献。这种数密度变化对本底时空的扰动会传播得极远,没有理由说它会在短距离终止。

(4) 因为 $(\Delta t, \Delta E)$ 会轻易穿透粒子,因此,包括黑洞,没有什么天体会阻挡 ρ_A 态 $(\Delta t, \Delta E)$ 产生的这种扰动使其不得轻易穿过。

同时具有上述 4 个特点的物理过程估计只有引力现象。由第 (1) 个特点可知, m 局域发生了两件事: ρ_A 态 $(\Delta t, \Delta E)$ 的平均数密度降低了,变得比 ρ_A 小,并且这个局域中数密度场有梯度非零;同时在该局域中因第 3 种时空行为产生了 (t, ε)。本章凡说到产生 (t, ε),都是指 ρ_A 态 $(\Delta t, \Delta E)$ 的第 3 种固有时空行为产生 (t, ε)。

高维卷缩结构 $\{(\Delta t, \Delta E)_m\}$ "浸透" 在本底时空的 $(\Delta t, \Delta E)$ 海洋之中。 ρ_A 态的 $(\Delta t, \Delta E)$ 不但包围着这个 (t, m),也在其内部各处分布。 (t, m) 是 $\{(\Delta t, \Delta E)_m\}$ 的简写。我们已经知道, (t, m) 与本底时空的 $(\Delta t, \Delta E)$ 发生相互作用,保持着 (t, m) 的时空性质。于是 ρ_A 态 $(\Delta t, \Delta E)$ 会因为保持能团 m 时空性质而不断地与 m 的集聚态 $(\Delta t, \Delta E)$ 相互作用,作用的总的结果则是从 m 不断地产生 (t, ε) 并以超光速逸出一些 (t, ε)。这些 (t, ε) 再也不会退回 ρ_A 态的自由 $(\Delta t, \Delta E)$,因此 m 的时间是不可逆的。表观上看, m 也会促成 ρ_A 态 $(\Delta t, \Delta E)$ 集聚成 (t, ε)。这就是说,在第 1 种固有时空行为引发的 ρ_A 状态下的集聚之外,还有保持 m 时空性质过程发生的自由状态的 $(\Delta t, \Delta E)$ 的集聚,与本底时空的其中没有物体或粒子的其他部分相比,显得 m 明显地加大了 ρ_A 态 $(\Delta t, \Delta E)$ 的 "消耗"。并且这种 "消耗" 与构成 m 的集聚态 $(\Delta t, \Delta E)$ 的个数正相关,从而与能量 m 正相关。 ρ_A 态 $(\Delta t, \Delta E)$ 与 (t, m) 相互作用产生的 (t, ε),进一步与 ρ_A 态 $(\Delta t, \Delta E)$ 的相互作用产生次生效应。直观地说,一个物体或粒子

m，会耗去它自己所在的时空局域的相当量的 ρ_A 态 $(\Delta t, \Delta E)$。本底时空会不断补充这种"消耗"，好像用 ρ_A 态 $(\Delta t, \Delta E)$ 不断地向着 m 去填充"塌陷"。物体就处在"坑的最深处"。但是这里没有任何推挤作用的意思，因为 ρ_A 态 $(\Delta t, \Delta E)$ 穿透过程无作用，而一旦与集聚态 $(\Delta t, \Delta E)$ 作用，则再无穿透。并且时空层次的 ρ_A 态 $(\Delta t, \Delta E)$ 没有宏观或微观那样的动量。引力是负偏离和数密度梯度非零形成的，引力只与数密度场有关。显然，只要是由产生 (t, ε) 过程引起的负偏离，都一定有数密度流和非零数密度梯度。对 ρ_A 的负偏离和非零数密度梯度弯曲了局域的4维时空，广义相对论用度规张量 $g_{\mu\nu}$ 描写这种复杂的改变。可以看出，凡由集聚态 $(\Delta t, \Delta E)$ 构成的存在，都贡献引力质量。

本底时空虽然参与引力过程，但对引力质量无贡献。确实，假定两粒子距离不变，质量不变，如果 ρ_A 变小了，它们之间的引力就会有变小的可能，反之亦然。但这里是单调关系，不是正比关系。另外，从 ρ_A 态 $(\Delta t, \Delta E)$ 的行为看，所谓对引力质量有贡献，是指受 ρ_A 态 $(\Delta t, \Delta E)$ 第3种固有时空行为的作用能够产生 (t, ε) 的能量形式；从而对于粒子或物体引力能力所做的贡献。只有集聚态的 $(\Delta t, \Delta E)$ 才能有这样的贡献。显然，ρ_A 态 $(\Delta t, \Delta E)$ 不是这种能量或客观存在。由以上两种原因，我们把 ρ_A 的变化引起的引力大小的变化不归之于引力质量的变化。总体来说，就是 ρ_A 态 $(\Delta t, \Delta E)$ 对引力质量无贡献。于是，我们说本底时空对引力质量无贡献。

总之，只要本底时空中某个局域发生了对 ρ_A 的负偏离，并且其中 $(\Delta t, \Delta E)$ 数密度梯度不为零，这个局域就表现出引力。由 ρ_A 态 $(\Delta t, \Delta E)$ 产生 (t, ε) 是物体或粒子产生引力的必要过程。不产生 (t, ε) 的引力场只是传递引力。

4.2　万有引力公式

　　万有引力公式本身是非常重要的,任何引力理论都只能是对万有引力公式的改进,而不能完全否定它。万有引力公式的反平方形式与库仑静电力公式完全类似,永远是追求统一性的一种提示[5,8]。

　　这里推导万有引力公式是为了显示我们建议的引力时空元机制可能是正确的。其一,万有引力公式从来都是实验结果,没有任何理论可以推导出万有引力公式;其间的差别是本质性的;其二,从推导过程可以看出,时空元引力具有全息性质[9]。

　　球对称物体 M 中集聚态的 $(\Delta t, \Delta E)$ 数目越大,M 中发生第 3 种固有时空行为的概率就越大。显然,M 的集聚态 $(\Delta t, \Delta E)$ 的数目与 M 的质量 M 成正比。假定 M 的质心与本底时空的一个欧几里得球形局域的中心一致,球面完全包围 M。因为来补充球形局域的所有 ρ_A 态 $(\Delta t, \Delta E)$ 都必须穿过球面,假定在某一时刻 t,用于补充而穿过球面的 ρ_A 态 $(\Delta t, \Delta E)$ 的总数为 U_M,把球面上的此种 $(\Delta t, \Delta E)$ 称为穿越状态时空元,则穿越状态时空元在球面的面数密度就是 $\rho_M = \dfrac{U_M}{4\pi r_M^2}$,$r_M$ 是球半径。由于 M 的球对称性,显然,M 在球面的引力也与穿越状态的 $(\Delta t, \Delta E)$ 的面数密度 ρ_M 成正比。

$$F_M = \alpha \rho_M = \frac{\alpha U_M}{4\pi r_M^2} \qquad (4.1)$$

故

$$F_M \propto \frac{1}{r_M^2} \qquad (4.2)$$

同样显然的是,面数密度 ρ_M 也与质量 M 成正比。因此

$$F_M \propto M \tag{4.3}$$

所以

$$F_M \propto \frac{M}{r_M^2} \tag{4.4}$$

对于球对称物体 m 同样有

$$F_m \propto \frac{m}{r_m^2} \tag{4.5}$$

如果 M 与 m 质心相距 r,则对于 M 与 m 之间的引力 F,有

$$F = G\frac{Mm}{r^2} \tag{4.6}$$

比例系数 G 就是牛顿万有引力常数。

这里没有考虑引力使欧几里得球发生形变,没有引入时空弯曲,式(4.6)当然是一个近似。万有引力是本底时空元的第 3 种固有时空行为形成的,集聚态 $(\Delta t, \Delta E)$ 对形成引力是必不可少的。一个集聚态本底时空元 $(\Delta t, \Delta E)$ 贡献的引力质量是引力质量的最小单元。因此引力可以是最弱的。

这里存在产生引力的 4 维时空与不产生引力的 3 维时空的全息对偶。全息是借用词。光学的全息照相把 3 维光学像编码在一个 2 维平面上。与光学全息不同,这里把 3 维物体的引力信息"编码"在 2 维球面上。2 维面上的面数密度确实决定了 3 维物体的引力值。弦理论的引力全息对偶认为任何含有引力的量子系统都满足全息原理[9,10]。

以集聚态 $(\Delta t, \Delta E)$ 为存在形式的任何能量(包括引力能)都贡献通常的引力质量,都以通常的方式发出引力作用及接收引力作用。发生引力时,产生的 (t, ε) 会在引力发生的局域形成密度远大于宇宙中 (t, ε) 平均密度的分布,但 (t, ε) 会高速弥散。引力过程持续地产生(t,ε)与高密度(t,ε)的弥散在引力过程中会形成一个平衡,这个平衡中的大于平均密度的(t,ε)的量与引力能的量正相关。

　　一个粒子或物体 m 一定包含引力能。引力能不表现为静质量。m 中(t,ε)的密度大于本底时空中(t,ε)平均密度,引力能与这二者的正差成正比。也就是引力能密度与这个正差成正比。物体 m 中因密度大于本底时空中(t,ε)平均密度而多出的(t,ε)的总量乘上一个系数就可以看作物体 m 的引力能。m 的引力能与 m 的集聚态$(\Delta t,\Delta E)$的数目正相关,与 m 邻近是否有其他引力源无关。但是 m 的集聚态$(\Delta t,\Delta E)$的数目不能作为引力能,因为上述对引力能有贡献的(t,ε)也在产生(t,ε)。另外,m 局域中每减少一个 ρ_A 态$(\Delta t,\Delta E)$,该局域就增加对应于一个 ρ_A 态$(\Delta t,\Delta E)$的引力能。在有引力源 m 的情况下,这种少去就是贡献引力能的(t,ε)增加的原因,减少与增加正相关。能够贡献引力能的(t,ε)越多,非线性越严重。在没有集聚态$(\Delta t,\Delta E)$而只是传递引力的本底时空局域,也会对 ρ_A 发生负偏离,此时也有引力发生,此时该局域不会因第 3 种时空行为产生(t,ε),但会有引力源中逸出的(t,ε)使该局域增加对引力能有贡献的(t,ε)。离开引力源越远,贡献引力能的(t,ε)越少,引力越弱。如果贡献引力能的(t,ε)很少,例如引力泡的情形,此时负偏离的引力能就可以近似看作与局域减少的 ρ_A 态$(\Delta t,\Delta E)$的总数成正比。引力能计算历来复杂。

　　流时论建议的此种引力机制,能解释已发现的所有的引力现象。反过来,它不违背已知的任何引力现象,也不要求存在任何本不存在的虚假现象。

 ## 4.3　时空弯曲归结为数密度负偏离梯度

我们要把时空弯曲的物质过程归结为数密度负偏离梯度,为写出时空背景独立的时空元引力方程做准备。在虚空引力场中划分出特定对象有利于我们的研究。

欧氏空间的一个单位体积的球 Σ 如果处在虚空引力场中,Σ 中没有任何高维卷缩结构的能团,那么,引力场就是 Σ 之外的引力源形成的。于是 Σ 会发生变形,我们把这样的 Σ 称为引力泡。引力泡的本底时空元当下的平均数密度 ρ_B 显然小于本底时空的本底时空元平均数密度 ρ_A。引力泡表现出引力能,就是因为 $\rho_B < \rho_A$。我们也知道,正是由于 $\rho_B < \rho_A$,在有引力源下情形下,Σ 中必然存在数密度不均匀现象,Σ 中数密度梯度不为零。显然,这个梯度变化快的方向是指向引力源的。

现在我们明确指出引力发生的两种情形。

如果本底时空中一个局域发生了本底时空元平均数密度 ρ_B 对 ρ_A 的负偏离,即只要 $\rho_B < \rho_A$,这个局域就表现引力。如果一个局域的数密度梯度不为零,这个局域就表现引力。为了方便把前者称为负偏离引力,把后者称为梯度引力。表示出形成引力过程的差异。

在物体形成的引力场中,有负偏离一定有非零梯度。但是在解释尺缩钟慢用到的速度关联时,推导等效原理讨论惯性质量时,等等,就会遇到没有梯度的引力场。没有数密度梯度的引力场一定不因为第三种固有时空行为产生 (t,ε)。

(1)负偏离引力场。没有第三种固有时空行为产生的 (t,ε) 或极少,没有明显的数密度梯度,只有负偏离。

（2）梯度引力场。一定有第三种固有时空行为产生的(t,ε)，有数密度梯度也有负偏离。

引力泡的引力场是梯度引力场。目下我们只研究梯度引力场，纯粹负偏离引力场与时空弯曲的关系暂不研究。

现在我们来看引力泡的引力能。引力泡中少去的$(\Delta t,\Delta E)$流向了引力源，而多出的贡献引力能的(t,ε)从引力源流出来并可能进入引力论。因为引力泡中不产生贡献引力能的(t,ε)，因此我们可以说，引力泡中由于补充ρ_A态$(\Delta t,\Delta E)$对引力泡外引力源的第3种固有时空行为而造成每减少一个$(\Delta t,\Delta E)$，引力泡就增加对应于一个$(\Delta t,\Delta E)$的引力能。如果引力是线性的，则引力泡外引力源使得泡内每减少一个$(\Delta t,\Delta E)$，泡内就增加对应于一个$(\Delta t,\Delta E)$的引力能。假定我们可以把这个最小引力能定义为引力能基本单位，由于可能增加的纤细物质，因此对应于减少一个$(\Delta t,\Delta E)$增加的引力能会大于 1 个引力能单位。于是引力泡 Σ 的引力能密度是

$$\varepsilon = \alpha(\rho_A - \rho_B) \tag{4.7}$$

如果 ε 的量纲是 J/cm^3，则 α 的量纲是 J/ 个。这里省去密度与数密度换算。α 的形式可能简单，也可能复杂，但必须有 $0 < \alpha < 1$。α 会调节超出引力能单位部分。

因为引力泡是单位体积，式(4.7)既是 Σ 的引力能密度，也是 Σ 的引力能总量。对于不同的参照系引力泡有能量流密度。能量流密度矢量记为

$$\boldsymbol{\varepsilon}_{0j} = (\varepsilon_{01}, \varepsilon_{02}, \varepsilon_{03}) \tag{4.8}$$

引力泡会发生纵向形变和横向形变。这是伸展的 4 维时空发生了弯曲。由于应变与应力相对应的概念十分久远，月亮引力场使得地球变形就认为存在潮汐力。广义相对论要求把引力正名为时

空弯曲。引力泡是一个回转体,纵向轴是回转中心,关于过纵轴中心并垂直于纵轴的平面,回转体不对称。

把引力泡的本底时空元数密度梯度场记为 $\boldsymbol{\Phi}$,则数密度梯度

$$\mathbf{grad}\ \boldsymbol{\Phi} = \left(\frac{\partial \boldsymbol{\Phi}}{\partial x_1}, \frac{\partial \boldsymbol{\Phi}}{\partial x_2}, \frac{\partial \boldsymbol{\Phi}}{\partial x_3}\right) \qquad (4.9)$$

是一个指向引力源质心的矢量。

梯度矢量与引力矢量同向。梯度矢量的大小与引力矢量的大小成正比,或正相关。因此,为了简便把本底时空元数密度场的梯度直接视为引力。

本底时空任何局域$(\Delta t, \Delta E)$的不为零的数密度梯度一定会弯曲时空并决定度规 $g_{\mu\nu}$,因此,数密度梯度就是引力。我们把由引力泡得出的结论加以推广。我们假定,不论数密度梯度是怎样形成的,只要不为零的数密度梯度存在,就一定有引力发生。或者我们直接说本底时空局域的 ρ_A 态$(\Delta t, \Delta E)$数密度场的非零梯度就是引力。下边我们对这件事进行定量描写。

 ## 4.4　数密度负偏离梯度张量

这一节也为以后得出引力元引力方程左边做准备。负偏离影响时间维,梯度影响空间维。

分析引力泡的负偏离和数密度场梯度,我们能够得出背景独立的数密度负偏离梯度矩阵

$$\boldsymbol{F} = (f_{\mu\nu}) \qquad (4.10)$$

广义相对论把引力看作时空弯曲。流时论进一步把时空弯曲最终归结为本底时空的局域 ρ_A 态$(\Delta t, \Delta E)$数密度负偏离和局域 ρ_A

态($\Delta t, \Delta E$) 数密度场的非零梯度。如此得出的这些量的数学表达都是时空背景独立的。

我们知道,球对称质量分布的引力场的度规张量

$$g_{00} = -(1 - 2GM/r) \tag{4.11}$$

而平直的闵氏时空

$$g_{00} = -1 \tag{4.12}$$

引力场中钟慢在理论和实验都有定论。于是我们就把表达负偏离的负偏离标量 $\rho_A - \rho_B$ 放在引力泡数密度梯度张量矩阵表示的相应位置。我们再研究数密度差。为了方便,我们一直简单使用数密度这个词。于是我们把 $-(\rho_A - \rho_B)$ 称为数密度标量,令

$$f_{00} = -(\rho_A - \rho_B) \tag{4.13}$$

这个差值的模越大,时空弯曲越严重,钟越慢。钟慢与(Δt, ΔE) 数密度的关系为:引力泡内每减少一个($\Delta t, \Delta E$),对时空弯曲都有一个基本单位的贡献。因为引力泡是单位体积,因此 $\rho_A - \rho_B$ 就是引力泡减少的($\Delta t, \Delta E$) 的个数。

此类引力场的牛顿引力势($-GM/r$) 完全决定了度规。如果又是弱场,钟慢就是对引力的决定性贡献。相比之下,空间弯曲变得不重要。因此负偏离显得非常重要。其实尺缩和钟慢一定是同时发生的[1],因此,局域负偏离必然发生时空元数密度场梯度非零把引力描述得更明白。

对一个参照系是静止的引力泡,对另一个参照系就是运动的。因此,引力泡的引力能就有引力能流,于是引力泡的数密度场应有数密度流。在数密度场上叠加一个数密度流。当然了,负偏离标量 $\rho_A - \rho_B$ 的值作为差不会随坐标变化。

数密度流是否也包含了数密度梯度? 数密度梯度是在(Δt,

ΔE）的迁移变化中形成的，而数密度流是在形成数密度场梯度的
$(\Delta t, \Delta E)$ 的移动上叠加数密度变化，叠加的数密度变化确实是叠加
在形成数密度梯度场的数密度已有变化之上的，但因为计算梯度只
计相对差值，因此稳恒的数密度流最终还是反映的数密度场的梯
度。这正是我们所研究的最简单情形。

单位时间内沿方向 x^1 通过法向为 x^1 的单位面积的数密度流称
为引力泡数密度 $-(\rho_A - \rho_B)$ 的 x^1 数密度流密度。记为 f_{01}，且有
$f_{10} = f_{01}$。数密度在三个方向 x^1、x^2、x^3 的流密度为 f_{i0} 且

$$f_{i0} = f_{0i} \quad (i = 1, 2, 3) \tag{4.14}$$

数密度 $-(\rho_A - \rho_B)$ 在 x^1、x^2、x^3 的分量 $\boldsymbol{f}_{i0} = (f_{10}, f_{20}, f_{30})^T$。

单位时间内沿 x^2 方向通过法向为 x^2 的单位面积的引力泡数密
度的 x^1 流量称为引力泡数密度的 $x^1 x^2$ 流密度，记为 f_{12}，有

$$f_{ij} = f_{ji} \quad (i, j = 1, 2, 3) \tag{4.15}$$

总之，$\rho_A - \rho_B$ 表示引力泡中以减少方式对时空弯曲做出贡献的
$(\Delta t, \Delta E)$ 的个数，减少才产生了非零数密度梯度，由梯度执行时空
弯曲。式（4.14）和式（4.15）都是引力泡数密度梯度的表示，于是
有

$$\boldsymbol{F} = \begin{bmatrix} f_{00} & f_{0i} \\ f_{i0} & f_{ij} \end{bmatrix} \tag{4.16}$$

其中 $f_{00} = -(\rho_A - \rho_B)$。

式（4.16）是式（4.10）的另一个写法，它们是背景独立的。式
（4.10）或式（4.16）把引力场的时空弯曲表示成时空元数密度的分
布和变化，$f_{\mu\nu}$ 与 度规张量 $g_{\mu\nu}$ 有某种对应关系。

由式（4.16）得出的过程可知，引力泡负偏离和数密度场梯度
共同组成了一个 2 阶张量，而式（4.16）则是引力泡负偏离和数密度

场梯度所组成的这个 2 阶张量的矩阵表示。把式(4.16) 称为引力泡数密度负偏离梯度张量。名称加上负偏离和梯度两个名词是因为这里的物理过程归结为 ρ_A 态 $(\Delta t, \Delta E)$ 的数密度负偏离变化和数密度梯度变化。

负偏离和数密度梯度正是时空弯曲的最终原因。而数密度场梯度的变化表现为引力波。

 ## 4.5　引力是存在与宇宙的基本关系

世界的统一性归结为世界的物质性。如果一个物体与它之外的任何存在都没有物质关系,那么,这个物体就不存在。任何存在与它之外的物质的第一关系就是与本底时空的关系。本底时空的 ρ_A 态 $(\Delta t, \Delta E)$ 与构成物体的集聚态 $(\Delta t, \Delta E)$ 的相互作用产生 (t, ε),从而保持物体的时空性质,是物体与外界的基本关系,是物体与宇宙所有关联的基础。因此,没有完全陌生的新概念不可能推动对引力的认识。但是"质量零自旋 2"的引力子应该是波粒二象性的。因此引力子即使存在,也是以非本底时空的因素来影响时空,进而引起时空弯曲。这就产生一个问题:时空弯曲必须有时空自身的因素,那么,是时空自身的什么因素造成了时空弯曲? 这就是说,如果存在引力子,必须有引力子与时空元关系的理论,来阐明引力子如何与时空元相互作用,使得时空弯曲。终究还是归结到了时空元。流时论明确地指出引力子与时空元比较,造成时空弯曲,时空元比引力子更自然。而且时空元引力理论指出了造成引力非线性的物质 (t, ε),但引力子怎样产生二次引力子呢?

用引力子的自相互作用解释引力的非线性[3],解释了引力子的第 2 次作用。第 1 次是引力子作用于物体粒子。没有引力子的第 3 次任何作用。时空元引力理论用纤细物质来解释引力的非线性。对纤细物质的引力是第一个次生引力,还会有第 2 个、第 3 个次生引力,并且是递减式的,越来越弱的。这比引力子要自然得多。这是引力子理论的弱点。

4.6　不存在微观粒子传递引力的可能

我们证明了,除了作为引力源,时空弯曲过程没有任何具有波粒二象性特征的分立体参与。或者说没有任何具有波粒二象性的分立体来参与构成引力场。但是微观层次的分立体的重要特征是具有波粒二象性,因此只要确认"引力 = 时空弯曲",就不存在量子引力。因为弯曲时空仅仅只是自由态本底时空元构成的,由此存在而且只存在时空元引力。在两个物体之间的引力现象中,时空元在引力过程中确实也在起颗粒性信使的作用,但时空元不会有波粒二象性。时空元的群体行为造成了引力,各个时空元的贡献都是可加的;而时空元比任何波粒二象性的粒子小许多。这就自动解释了引力为什么可以无比强大却又可以最弱[11]。

4.7　总结与展望

我们写出了引力泡数密度负偏离和数密度梯度张量的时空背景独立的表达式。利用这个张量,可以写出时空背景独立的时空元引力方程。

流时论认为虚粒子是时空元数密度场的非零梯度。因此,凡有自由态时空元分布,都会有虚粒子。真空中有虚粒子,物体内部也会有虚粒子。利用时空元引力方程,我们就可以计算虚粒子的能量和动量并且实地探测。在地下真空室探测虚粒子。地质活动越剧烈,时空元分布受到激发的概率就越大,产生虚粒子也越多。虚粒子活动水平会显示地下深层的地质活动,这对于地震研究和预报都会有帮助。

参考文献

[1] 刘应平. 流出的时间理论[M]. 西安:陕西科学技术出版社,2019:106-111,116-122,170-172.

[2] 陈斌. 广义相对论[M]. 北京:北京大学出版社,2018:251,262-266.

[3] 梁灿彬,周彬. 微分几何入门与广义相对论[M].2 版.北京:科学出版社,2006:258-259.

[4] 曹盛林.芬斯勒时空中的相对论及宇宙论[M].北京:北京师范大学出版社,2001:210-213.

[5] 瓦尼安 H C,鲁菲尼 R. 引力与时空[M].向守平,冯珑珑,译.北京:北京大学出版社,2006:1-9,289-293.

[6] 刘应平. 量子的时间[M]. 西安:陕西科学技术出版社,2017:83-85.

[7] 刘应平. 时间对话[M]. 西安:陕西科学技术出版社,2014:73-76.

[8] 刘应平. 热与引力[M]. 西安:陕西科学技术出版社,2011:26-33.

流时论原理

［9］李淼. 超弦史话［M］. 北京：北京大学出版社,2002：249，252-254.

［10］阮善明,安于森,李理.黑洞信息佯谬［J］.物理,2020,49（12）：801.

［11］GORDON FRASER. 21 世纪新物理学［M］.秦克诚,主译. 北京:科学出版社,2013:42-43.

第 **5** 章

引力热
与量子卡诺循环

5.1　引力热

引力过程必然产生(t,ε)。这些纤细物质随机地出现并且相互之间随机地相对运动。而且,引力过程中产生的纤细物质的数密度,总是比任何微观粒子的任何存在状态能达到的数密度都要大得多。我们就把这些(t,ε)的杂乱运动或它的微观和宏观表现称为引力热。引力过程必然发生引力热。

引力热与我们平常所说的热相同吗?

我们平时所说的热,是大量微观粒子杂乱运动的宏观表现。

(1)单个微观粒子无所谓热现象。

（2）热的强度量（温度）与粒子的平均动能正相关。

（3）物质的各种态（固、液、气）都有光子辐射。

（4）波长与辐射能密度的关系曲线（普朗克辐射曲线）只与温度有关，与发出辐射的材料无关。

如果把微观粒子和(t,ε)都看成适于热表现的分立体，那么，引力热也只与热的第（1）条性质相同。而(t,ε)根本不可能发出光子辐射，因此引力热不具有热力学热的第（2）条、第（3）条和第（4）条性质。到此，我们不得不问，热的特征本质是什么？

热是能量。热是大量粒子无规则运动的能量。我们把这一句话推广一次，热是大量分立体无规则运动的能量。但是，如果考查本底时空中每立方米有一个粒子的情形，那么随着体积的增大，我们会面对大量的分立体。显然，这些分立体不会具有热的性质。因此我们说，热是其数密度大到某一个量值的大量的分立体的无规则运动的能量。这样一来，引力热与热力学热就是相同的能量形式。

上述第（2）条是关于热的最重要的特征。但是(t,ε)有动量吗？时空元和纤细物质都做超光速运动（见 3.4.5 小节），时观层次的ρ_A态$(\Delta t,\Delta E)$没有微观或者宏观那样的动量（见 4.1 节），按照纤细物质在宇宙物质层次中的位置，纤细物质应该没有微观或者宏观那样传统的动量。分立能量的不表现动量的超光速的杂乱运动，与引力热的强度量（温度）相关。因此引力热与力学热有很大的差别。

显然，引力热也具有热平衡传递性，引力热满足热力学第零定律。虽然$(\Delta t,\Delta E)$是由浪浪产生的，而我们无法对浪浪追根问底，但是仅仅面对(t,ε)，我们却可以认为(t,ε)数目及其运动都是守恒的。因此引力热满足热力学第一定律。

仅仅从为了维持高维卷缩结构时空性质而产生了 (t, ε) 及引力热这一点看,引力热应该满足热力学第二定律。因为为了转移或保持序性,必须产生无序。引力热增加了熵正是对这一条的实现。

因为引力总是发生的,因此仅仅就把引力热作为热源这一项看,任何情况下绝对零度都不可能达到。

引力热具有宇宙规模。宇宙中由热产生的熵在单向增加。因为本底时空中固有时空行为产生的 (t, ε) 不可逆变为 ρ_A 态 $(\Delta t, \Delta E)$,一般时空行为产生的 (t, ε) 也不可逆,这都是因为时间的单向性。由此我们可以知道,引力热的熵增加单向性最后来源于时间的单向性。

因为 (t, ε) 很容易穿过粒子,因此引力热很难传递给粒子或物体。但是微观粒子是在引力热中形成的,有了这个条件,引力热必然会传递给大爆炸的产物,这就是量子卡诺循环的高温来源。

引力热对引力质量有贡献。因此引力热反过来又引发新的引力过程。引力与引力热具有同样的普遍性。

引力与引力热产生于同一个过程,这是它们的统一性。引力是负熵源,引力热是熵源,因此,引力与引力热的对立是有序与无序的对立。

引力与引力热是同一个过程对立统一的两个方面。

按照我们的理论,电磁力、强力、弱力都来源于引力,我们这个世界就是这样构成的,因此我们这一部分宇宙必定受引力与引力热对立统一规律的支配。引力与引力热的关系是对立统一规律的终极物质原因。

除过原子核和引力,电磁力构成了我们周围的一切,也包括我们自己。因此哲学家远在 2 500 年之前就发现了对立统一规律。到

了最近一二百年,对立统一规律被各种哲学派别研究得更是十分精细,运用得十分成功。但是这个规律穷根究底的物质原因人们却没有注意到。

值得指出,因为 ρ_A 态 $(\Delta t, \Delta E)$ 的四个固有时空行为中与集聚有关的两个,在本底时空中永远产生着热。因此,本底时空中发生的物理过程都与热相关。

5.2 量子卡诺循环

我们用 ρ_D 表示自由的 $(\Delta t, \Delta E)$ 堆集的数密度。这是个巨大的数。ρ_D 比现在的 ρ_A 大出许多个量级。当然 ρ_D 也远远大于 ρ_1。于是第 1 种固有时空行为会剧烈进行。假定这就是我们宇宙的初始状态。初始状态的 $(\Delta t, \Delta E)$ 也简称为 ρ_D 状态的 $(\Delta t, \Delta E)$。在 ρ_D 状态下,$(\Delta t, \Delta E)$ 要伸展出四维时空,持续的三维类空剧烈增长。$(\Delta t, \Delta E)$ 的超光速运动对增长的结果有重要影响。但是此时没有 ρ_1 作为临界的那种斥力。$(\Delta t, \Delta E)$ 集聚产生大量的 (t, ε) 和引力热。在高温高压高能量密度的三高条件下,$(\Delta t, \Delta E)$ 的集聚不仅仅是产生 (t, ε)。当能量密度达到某一个临界值时,在伸展的四维上就要增加新的维度。总之,ρ_D 态的 $(\Delta t, \Delta E)$ 要产生比伸展的四维更高维的产物。我们现在要讨论一个正反粒子对 A_1 与 A_2 在三高条件下形成中的热与引力过程。当粒子未分立的时候,只能考查产生粒子的环境,当粒子有分立形态出现之后,我们只考查一个粒子个体。暴涨造成降温示意图如图 5.1 所示,图中:

a—— 三个伸展维急速伸展开始,产生 (t, ε) 开始。

ab—— 伸展并叠加高维,引力热以指数持续产生,并以 $(\Delta t,$

ΔE) 的速度构成伸展的四维。

b—— 维度叠加结束,形成分立开始。高维区(大量)产生引力热停止。

bc—— 进行分立,形成分立的高密度区。

c—— 分立完成,开始高维度的卷缩运动。

cd—— 卷缩在进行,卷缩在三高的"汤"中要分出分立的 A。

d——A 的整体卷缩结束。开始形成 A 自己两部分的对称。

da'—— 同一个 A 中,以卷缩成两个部分的方式进行卷缩,"两个部分"的标志是它们对称。

a'—— 对称部分形成正反粒子对。

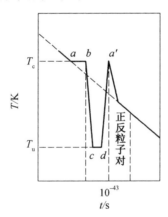

图 5.1　　暴涨造成降温示意图

说明:

bc 阶段的分立是指高密度区内存在相对的密度差别,由低密度区隔离出许多高密度区。这是能量的维度规律在起作用。

在 abc 阶段,从与 ρ_D 相当的宇宙密度 $\rho = 5 \times 10^{155} \mathrm{g/cm^3}$ 历经时间不足 10^{-43}s 而膨胀到例如 $10^{115} \mathrm{g/cm^3}$(电子密度为 $\rho_e = 10^{20} \mathrm{g/cm^3}$,差 10^{40} 倍)。引力热在 ab 段大量产生,在 ab 阶段的膨胀要吸收热量,于是造成了 ab 是等温过程。膨胀主要发生在 bc 阶段。bc 阶段

的膨胀要克服引力,温度剧烈下降,从 T_c 降到 T_u。bc 阶段的膨胀是为了造成分立。因此膨胀主要发生在较低密度区,而将要形成粒子的高密度区的膨胀可以忽略,因此 bc 是绝热过程。ab 和 bc 阶段相对于原始密度,密度大大降低了。此时说高密度和低密度是剧烈膨胀后自己与自己比较。

在 cda' 阶段考查分立体的行为,促成暴涨的高维结构分立体发生两次卷缩。cd 阶段的卷缩放出的热使宇宙温度保持,c 点与 d 点温度相同。这是等温压缩。而 da' 阶段的卷缩是两个卷缩中主要的。因此造成温度回升。但粒子 A_1 或粒子 A_2 在 ca' 阶段虽然受到压缩,但 A_1 或 A_2 处在绝热状态。因为收缩主要发生在 A_1 与 A_2 的关联部分,A_1 内部或 A_2 内部在收缩中放的热可以略去。它是绝热压缩过程。

列出 4 个阶段的产物(未列伸展的四维),具体如下:

ab——叠加高维形成集聚态高密度区。

bc——集聚态高密度区因分裂膨胀。

cd——第一次卷缩产生 A。

da——第二次卷缩产生 A_1 和 A_2。

列出关于 A_1 和 A_2 发生的 4 个卡诺过程,如图 5.2 所示,图中:

ab——等温膨胀过程。

bc——绝热膨胀过程。

cd——等温压缩过程。

da——绝热压缩过程。

一个粒子对的形成过程,恰好完成一个卡诺循环。一个形成中的粒子对是一个卡诺热机,它当然是不可逆的。它从 T_c 吸热 Q_c,做功后在 T_u 放热 Q_u。这些粒子卡诺热机输出的功 W 全部用于宇宙暴

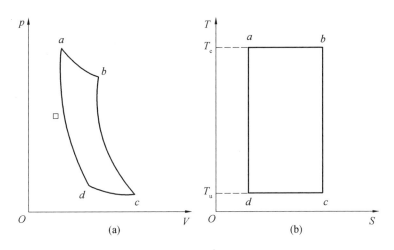

图 5.2　　微观结团的热与功

涨。这些能量最终还是来自($\Delta t, \Delta E$)。

显然会有关系式

$$W = Q_c\left(1 - \frac{T_u}{T_c}\right) \tag{5.1}$$

T_c 的值是极端的大。$T_c - T_u$ 的大小比 T_c 应该很小。因为造成 T_c 的热量一是引力热 Q(引力),二是引力造成的绝热压缩产生的热 Q(压缩)。这两份热与温度 $T_{引力}$ 和 $T_{压缩}$ 对应。而 da 阶段的温度回升,其热量来自高维卷缩,比上述两份热要小得多,因此 $T_c - T_u$ 比 T_c 要小很多! 因此可以说粒子热机是世界上所有热机中效率最高的。

在宇宙三高条件下,正反粒子没有湮灭的机会。

宇宙年龄的 10^{-43}s 之后,宇宙内容物主要为正反粒子对及各种粒子和粒子砖块。这些产物既经生出,它们会按照自己的规律运动。它们经历了三高这样独一无二的严酷条件,一直存留至今,这些粒子,其中就有 2.7 K 的背景辐射,以及质子、中子、电子等,已有 800 多种与人见过面。氢核和氦核是大爆炸后的第一批演化产物。

在这里我们可以看出,电磁力、弱力、强力三力是微观结团之后的事,而引力是出现粒子之前的事。要把四者统一起来,首先要弄清引力与三力的这个区别。

容易明白,宇宙尺度的本底时空在大爆炸中也形成了。此后暗能量(t,ε)高度均匀地分布其中,从而与本底时空共同形成虚空。

大爆炸之后再也不能直接产生粒子了。只有已存在粒子的相互关系。因为再没有独一无二的三高条件了。即使当初有过温升回到T_c,因为没有$(\Delta t,\Delta E)$的高压和高密度而不可能出现二次循环。但是我们还是可以把$abcda$过程叫卡诺循环,因为如果$(\Delta t,\Delta E)$有三高条件,这个循环仍然可以出现。

量子卡诺循环产生的高维卷缩结构分立体,还有不参与电磁过程的一大类,这就是暗物质。前边叙述量子卡诺循环时使用了粒子一词,是为了叙述方便以粒子作为两类高维卷缩结构分立体的代表。

我们用如此简单的过程描述粒子创生的过程,有以下3个原因:

(1) 宇宙内容物质在10^{-43}s时确实以正反粒子对为主,它们此前当然有形成过程。确实发生过的事情,又不知其细节,如果用几乎最简单的办法研究其表面现象,有可能由浅入深。

(2) 我们研究的对象是如此的基本,它应该简单。

(3) 我们坚信热对物质结构的本质作用,因此在粒子形成中一定有热的重要参与,这种参与表现为形式多样的对称性。对于正反粒子对这样显著的对称事实,我们也不知其细节。但是我们毕竟建立了它与热的联系,看到了引力与热关于对称性的联系。

原始燃烧之后ρ_A太大,$\rho_A > \rho_1$成立,本底时空中不显示斥力。

虽然浪浪不断地向本底时空补充自由的$(\Delta t, \Delta E)$,但是宇宙膨胀加上第 1 种固有时空行为和第 3 种固有时空行为,总的结果是使 ρ_A 不断下降,直到大约 77 亿年后本底时空的 $(\Delta t, \Delta E)$ 平均数密度达到 $\rho_A < \rho_1$,斥力才开始表现出大于引力。(见式(3.5))

　　本底时空是高度对称的,因而在宇宙中对称性永远起主导作用。量子卡诺循环引发对称性的破缺开始了演化,并且从简单到复杂的演化过程与破缺的发展相伴。

　　$(\Delta t, \Delta E)$ 原始状态的分布和量子卡诺循环过程中各种物质的分布,都不可能是绝对均匀的。因为绝对均匀只在一个状态,而偏离绝对均匀的状态却有无数个,因此,偏离绝对均匀的概率几乎接近 1。偏离会造成产物的多样性。除了微观粒子,其他的高维卷缩结构也会存留至今。弥散状态的暗物质可能就是此种产物。

 ## 5.3　$(\Delta t, \Delta E)$ 的信息矩阵

序性归结为时间的单向性。$(\Delta t, \Delta E)$ 是信息的物质载体。

　　如果我们认为热和引力是最基本的两种运动形式,而其他运动形式是由这两者派生出来的,例如视强力和弱电力都是某种形式的派生,那么,一个 $(\Delta t, \Delta E)$ 所带的序性,就是两组 0 与 1。4 个比特两个状态。每个状态,热和引力分配一组 0 和 1,自由态和集聚态分完两组 0 和 1。这里基本信息还是 0 和 1。这就是 $(\Delta t, \Delta E)$ 所带的全部信息。任何的存在都是有限的能量,它的信息也是有限的。1 g 能量由 10^{134} 个 $(\Delta t, \Delta E)$ 构成,1 g 能量包含的信息是 4×10^{134} 比特。

　　设置 0 和 1 是为了区分状态中的热和引力。热与引力怎样分配

这些信息,我们做如下讨论。

一个$(\Delta t,\Delta E)$的信息矩阵共有 4 个,分别为

$$I = \begin{bmatrix} 1 & 0 \\ 0 & 1 \end{bmatrix} \tag{5.2}$$

$$Y = \begin{bmatrix} 1 & 1 \\ 0 & 0 \end{bmatrix} \tag{5.3}$$

$$R = \begin{bmatrix} 0 & 0 \\ 1 & 1 \end{bmatrix} \tag{5.4}$$

$$X = \begin{bmatrix} 0 & 1 \\ 1 & 0 \end{bmatrix} \tag{5.5}$$

这 4 个阵构成一个半群,因 Y、R 无逆,广义逆又不好用,不构成群。只有$\{I,X\}$构成群,并且是一个阿贝尔群。

写成矩阵是为了找到信息之间的运算关系。

本底时空元$(\Delta t,\Delta E)$虽然带有热的信息,但是,不管状态如何,$(\Delta t,\Delta E)$一定要参与集聚。这是必然要发生的。信息矩阵的运算必须考虑这一点。引力热同样也要接着发生,因此,熵不减怎样表现出来也要考虑。

没有热因素参与的物质构造理论一定是不完全的。但是,热不像 4 种力那样有一个集中的形象。热从现象到本质总给人以散碎的感觉,几乎找不到具体在什么地方,但它又无处不在。不存在"热质"是热达到无限普遍的原因之一。热现象是如此的真实,热本质是如此地散碎,只有热的四个定律,特别是第二定律,才使得热在物质本性中具有刚性。

热就是乱,做了功更乱。没有做功以前的较为不乱却是真实存在的。说明热的乱的背后有一个原因,这个原因自己总不肯乱。与其对称的,熵就是不肯减少。乱是背后原因安排的。

量子力学与此很有相似之处。量子力学不承认经典的决定论,它有自己的一套决定论。量子货币从来不肯印半分钱。

估计$(\Delta t,\Delta E)$中包含了这个"背后的原因",这就是由时间的单向性决定的并且由$(\Delta t,\Delta E)$所携带的序性。其形式则是由简单规则重复成定律和复杂的公式。

现在我们用一个阿贝尔群给出$(\Delta t,\Delta E)$的部分信息,它关系到熵增的最后机制。设一个$(\Delta t,\Delta E)$的状态由矩阵I描写,记为$(\Delta t,\Delta E)^I$,那么$(\Delta t,\Delta E)^I$与$\Delta t,\Delta E)^I$的集聚就得到$(t,\varepsilon)^I$。以I表示$(\Delta t,\Delta E)$处于引力态,X表示处于热态。则有$(\Delta t,\Delta E)^{IX}\to(t,\varepsilon)^X$,$(\Delta t,\Delta E)^{XX}\to(\Delta t,\Delta E)^I$。集聚包含了矩阵的乘法。而$XX=I$则永远地消灭了$X$。我们以$X$的消失表示熵增。$X$再不复生就表示了熵是不减的。无论如何,物质构造理论中必须包含熵这个必要的因素。

这个阿贝尔群的元素只有三个运算,值得注意,任何运算都与引力有关。信息不是消灭了,而是隐藏了。

由越是基本越简单这个原理,我们相信$(\Delta t,\Delta E)$携带的信息不会多。熵是大自然天然的时间指针。$(\Delta t,\Delta E)$中X的消失是记录时间t的一声嘀嗒。我们建议尝试用上述方法把热引进物质结构理论。大爆炸的极高温度之后,粒子内部的熵即使不再增加了,已有的熵不减也是粒子稳定的因素。

大爆炸的热来自引力热。在极端温度下,只有引力和热共同起作用。温度下降的任何过程都有引力过程,但是,当温度下降到一定程度,这条线开始分叉。电弱强三力分离出来,因为在高温中已有了亚原子粒子。温度下降之后,它们作为灰烬也作为独立存在保

存下来了。先发生的事物,对后边就是规律。粒子理论的金科玉律就是对大爆炸中引力与热过程这个偶然事件的回顾。

$(\Delta t, \Delta E)$ 的信息矩阵群一定反映了某种真实,但是我至今不能建立它们与量子引力方程的联系。

参考文献

[1] 刘应平. 流出的时间理论[M]. 西安:陕西科学技术出版社,
    2019:125-134.

第6章

解释双缝实验
与精确构造概率波

我们在流时论的物理时空中展开对双缝实验的解释[1]。高维卷缩结构在时空中会形成自己的量子广延。粒子物质波归结为量子广延的数密度梯度。量子广延稳定,粒子物质波包必然稳定。以高维卷缩结构为硬核的带边界的波包就是粒子。由此出发,我们精确构造概率波和解释双缝实验。

 ## 6.1　量子广延

6.1.1　存在量子广延

与微观粒子有关的 ρ_A 态 $(\Delta t, \Delta E)$ 的各种行为之中最值得注意的是粒子的量子广延,这是流时论向微观推进和向引力推进的基础[1,2]。

我们假定,高维卷缩结构有在内部和周围富集本底时空中ρ_A态$(\Delta t, \Delta E)$的现象。所谓富集是指该处$(\Delta t, \Delta E)$数密度大于ρ_A。高维卷缩结构本来就是卷缩维加在伸展维上而构成的物理实体,它的边界不清晰。高维卷缩结构所延伸出的由ρ_A态$(\Delta t, \Delta E)$构成的数密度远大于ρ_A的物理实体称为粒子的量子广延。我们把粒子量子广延的ρ_A态$(\Delta t, \Delta E)$的平均数密度记为ρ_G。于是有$\rho_G > \rho_A$,我们知道此时$\rho_G > \rho_1$,量子广延内部不表现出斥力而是引力。量子广延是稳定的。

形成量子广延是高维卷缩结构固有的能力。量子广延的$(\Delta t, \Delta E)$数密度虽然大于ρ_A,但它还是ρ_A态的自由$(\Delta t, \Delta E)$。显然,这里所说的形成量子广延的$(\Delta t, \Delta E)$一定不是ρ_A态的构成伸展四维的$(\Delta t, \Delta E)$。就是说量子广延是由无维度的ρ_A态$(\Delta t, \Delta E)$构成的。量子广延形成从高维卷缩结构向外递降的ρ_A态$(\Delta t, \Delta E)$的数密度梯度场。

一个氢原子,它的电子有量子广延,它的原子核(质子)也有量子广延,整个氢原子也就有量子广延。一个氦原子,它的每个电子有量子广延,它的原子核的每个质子,每个中子都有量子广延,它的原子核也有量子广延,它的原子整体也就有量子广延。实验证明了C_{60}分子可以干涉,可以衍射,它有波动性,因此C_{60}整体也有量子广延。有粒子必有量子广延。我们以后把粒子看作硬核与量子广延的统一体。宏观物体是微观粒子的堆积,每个粒子都有自己的量子广延,于是形成宏观物体的量子广延。一粒尘埃,一个石子,一个桌子都有量子广延。形成量子广延的$(\Delta t, \Delta E)$称为广延中的$(\Delta t,$

ΔE) 或广延状态的 $(\Delta t, \Delta E)$。虽然高维卷缩结构是 11 维时空,但因为量子广延的物质密度未达到临界值,量子广延仍然是 4 维时空[3]。

高维卷缩结构作为硬核在本底时空形成自己的量子广延,量子广延是高维卷缩结构与本底时空中 ρ_A 态 $(\Delta t, \Delta E)$ 的固有物质联系。如果有某种原因量子广延遭到局部或全部破坏,那么,新的量子广延很快就会重新建立。因为高维卷缩结构永远处在本底时空之中,ρ_A 态 $(\Delta t, \Delta E)$ 超光速运动,而微观层次的破坏因素相对缓慢,因此量子广延作为物质存在形式是十分稳定的[1]。

6.1.2   存在量子广延波

既然是物质性的物理时空,时空中各种存在必然与时空有物质性相互作用。如果宏观物体因为质量太大有些现象没有明确显现,那么,在微观层次,就一定会有不同的现象成为粒子的重要行为。我们把普朗克常数 h 看作时空与量子广延相互作用结果的总和。决定 h 值的因素有量子广延的大小、ρ_G、ρ_A 以及每个 $(\Delta t, \Delta E)$ 的作用量 [已求得 $(\Delta t, \Delta E) = 1.35 \times 10^{-163} \text{J} \cdot \text{s}$][1]。因此,$h$ 是一个在历史上随 ρ_A 变化的值,是一个测量值,而不是一个理论逻辑链条中的永恒值。

粒子能量 E 是决定粒子行为的另一个量。于是,h 和 E 共同决定粒子行为。

高维卷缩结构以粒子能量 E 参与量子广延的振动。粒子的能量 E 与 h 共同决定振动的波长 $\lambda = h/p$。为了与量子广延区别,我们有时也把高维卷缩结构称为硬核。前边我们把高维卷缩结构称为粒子,现在我们认识到,高维卷缩结构加上量子广延,才是粒子整

体。

在此我们必须明确,是粒子自身整体是波,还是粒子的量子广延是波?我们有两个证据认为,高维卷缩结构所携带的量子广延是波。

(1)因为在双缝实验中,看似一个电子是自己与自己干涉,而电子绝对不是分开来通过双缝,而是电子的量子广延分开来通过双缝。因此,量子广延才是波。与一般的物质波例如水波之所以不同,是因为粒子波是随粒子的,并且每个粒子都有自己的波。因为波随粒子,才有了概率波现象。

(2)德布罗意公式 $\lambda = h/p$ 说明,本底时空对粒子的作用,并不区分各种粒子尺度的大小、电荷、自旋等,只与粒子的总能量有关。就是说,本底时空对任何粒子的作用,都是与尺度相同的客观存在相互作用。各种粒子可能有相同尺度的东西,这就是它们各自的量子广延。

粒子总能量与本底时空共同决定量子广延的振动。

量子广延波原理:高维卷缩结构与本底时空共同在量子广延中持续不断地产生的数密度场的梯度表现为平面波,就是粒子的物质波。为了强调量子广延对粒子的重要性,我们把这个原理称为粒子的量子广延波原理。

电子吸收一个光子或者放出一个光子,这是高维卷缩结构的作用。电子通过双缝后发生干涉叠加,是量子广延的作用。粒子的高维卷缩结构决定粒子的生灭或相互作用。对于所有高维卷缩结构,本底时空都会为它包上量子广延。或者任何高维卷缩结构都会借助本底时空形成自己的量子广延。

于是,在本底时空中的一个自由粒子,它的量子广延形成单色的平面波的叠加。自由粒子的量子广延是一个波包。

但是自由粒子的波包不会"越来越胖",因为粒子的量子广延本身被粒子限制。粒子的中心作用是关键因素。因为粒子单色平面波包是量子广延数密度梯度的表现,振动向外传播一旦越过量子广延,就会遭遇量子广延与本底时空的分界面的反射而无法传出。

 ## 6.2　量子广延波包的稳定性

6.2.1　量子力学放弃粒子物质波包

1923 年德布罗意得到他的重要公式的时候,就假定任何实物粒子都与一列波相关联。这就是德布罗意波。在量子力学发展的初期,一直存在把粒子视为波包的想法,都因为波包会无限扩散而在数学上无法采用,无限扩散也不符合实验事实。分析原因主要是在物理上没有限制无限扩散的物理根据。量子力学不使用粒子物质波包概念转而使用概率波。量子力学用概率波把握波粒二象性。

波要否定粒子的经典形象,因为粒子必须与一系列波相联系。

$$E = \hbar\omega \tag{6.1}$$

$$p = \hbar k \tag{6.2}$$

粒子的能量 E 和动量 p 已知。ω 是波的圆频率,k 是波数。式(6.1)是爱因斯坦关系,式(6.2)是德布罗意关系。$\hbar$ 就是通过这两个关系进入量子力学理论体系的。

E 仍然是经典的能量概念。虽然牛顿力学的能量概念被爱因斯坦质能关系式扩大了。但是量子力学没有任何改变地接收了经典的能量概念。流时论也不会对其有所改变,只是指出了能量的比

微观更加深入的物质形态。这里又体现了能量概念在物理理论中的无限通行能力。动量概念的通行能力也常常被用到。

因为 $p = \hbar k$，量子力学的动量概念有了新内容，经典动量概念已被改造。

在量子力学中物质波振幅与粒子能量相关，概率波振幅与粒子行踪相关。就是说，关于粒子行踪，量子力学放弃粒子物质波包而采信概率波，并且与实验符合得很好。但是粒子与物质波的联系并没有被量子力学逻辑严密地完全否定，量子力学只是在波包"发胖"的困难面前止步不前[4,5]。

流时论认为，粒子与物质波的联系并没有被逻辑严密地完全否定是因为粒子的物质波是真实存在的，只是统计诠释的数学方法没有直接用到这个事实。

6.2.2 量子广延波包的稳定性

比量子力学更深入一步，我们要建立带核的有边界波包模型。

高维卷缩结构会发生振动，振动在量子广延中的传播就是波。量子广延中的波动其物质过程最终归结为量子广延中 ρ_A 态（Δt，ΔE）的数密度场的梯度。波以高维卷缩结构所在空间作为中心区域向外沿粒子运动方向传播。到达量子广延最外的界面上，到此数密度场的梯度消失，波也消失。好像没有空气声音在太空无法传播从而声能无法散失一样，量子广延的波也无法向量子广延之外以波动传递能量。因为 ρ_G 远远大于 ρ_A，因此可以认为在量子广延边界形成了相位间断面。为了简化问题，我们假定界面上的能量总是向中心区流动的。为了易于定量描写，并且假定回头波在边界邻近，因为干涉恰好迅速衰减了。好像行波在界面邻近因为干涉成了驻波。它在原地振荡不向前传播。这里用"恰好"一词回避了许多困难，或者一些深入的过程。然而，这些假定至少与量子力学的实验是不矛盾的，也与量子力学的理论是不矛盾的。

带核的有边界波包模型表明，只要量子广延稳定，粒子波包就稳定。这个模型的稳定性符合波粒二象性的事实。我们把广延波包总是局限在量子广延因而总是局限在高维卷缩结构所在的小区域的现象称为广延波包的稳定性。

6.2.3　粒子的物质波包

粒子波是平面单色波，粒子的能量和动量用爱因斯坦关系和德布罗意关系描写。于是，我们也认为，量子广延物质波是平面单色波，量子广延物质波的能量和动量用爱因斯坦关系和德布罗意关系描写。因而我们可以把量子广延波看作平面单色波叠加成的波包。这个波包与传统波包的相同之处是，它的能量主要集中在中心，只有中心的振幅取最大值。不同之处是，它在中心邻近产生单色波并且因而在中心邻近是单色的。高维卷缩结构作为波源处在波包中心的一个邻域，中心邻近的单色波是行波，界面邻近的非单色波是驻波。

自从对于薛定谔波函数有了玻恩解释之后，就有了物质波与概率波的区分。量子广延波是物质波。

让我们重述量子力学的两个事实，希望更深入地了解粒子物质波。

其一，从来不会有半个电子。但是在双缝实验中，电子一定自己与自己干涉。即使不知道电子自己与自己干涉的过程，也可以十分肯定是电子自己的物质波与电子自己的物质波干涉。双缝实验表明,单个电子具有物质波是无可争辩的事实。而电子和它自己的波所构成的整体似乎有一个"硬核",在双缝实验中这个硬核自身绝对不会分开。这个硬核决定波长,但这个硬核无法直接参与干涉叠加。而屏上电子落点的概率波分布,则只是电子物质波的一种结果。没有电子物质波,不会有电子概率波。

其二,为了方程的数学形式对称,我们把波包的群速度 $u(\dot{x}, \dot{y}, \dot{z})$ 写成

$$\dot{x} = \frac{\partial \omega}{\partial k_x}, \quad \dot{y} = \frac{\partial \omega}{\partial k_y}, \quad \dot{z} = \frac{\partial \omega}{\partial k_z} \qquad (6.3)$$

利用式(6.1)和式(6.2),有

$$\dot{x} = \frac{\partial E}{\partial p_x}, \quad \dot{y} = \frac{\partial E}{\partial p_y}, \quad \dot{z} = \frac{\partial E}{\partial p_z} \qquad (6.4)$$

从形式上看,这是经典质点位置变化规律的汉密尔顿正则方程。因为使用了式(6.1)和式(6.2),式(6.4)对式(6.3)做了否定和延拓,于是,这组正则方程也描写粒子位置变化的规律。波包能量中心位置变化规律也应与经典质点位置变化规律或粒子的位置变化规律相同,这是不可能的。这就是说,仅仅对粒子的物质波施加量子力学改造是远远不够的。为了把这些纷乱的性质统一成可理解的概念,需要建立带核的有边界波包模型。式(6.4)是对于建立带核的有边界波包模型的提示。

以下是带核的有边界波包模型的全貌。波包的中心区域是硬核产生的单色平面波。波包在量子广延的边界发生反射而干涉叠加。我们把广延波包主要看作单色平面波。硬核的中心位置只在波包能量中心位置附近摆动。波包能量中心的群速度与硬核的平均速度相同。在波包中心群速度与相速度当然也是相等的。这个硬核如果有静质量、自旋、电性等如电子一样的性质,则高维卷缩结

构连同波包,它就是一个电子。这里只谈硬核与量子广延波包的关系,不涉及硬核的内部状态及其他变化。

显然,粒子的量子性起源于量子广延。

6.3　虚粒子位置不确定的原因

6.3.1　数密度梯度的能动量

量子广延的时空元数密度非零梯度决定了粒子的能量和动量。因为这里没有其他更多的因素,我们就认为,本底时空某局域时空元数密度场具有能量和动量的必要条件是:该局域数密度梯度非零。在量子广延的时空元数密度场中,非零梯度的能动量是量子化的(见 10.2 节)。量子广延数密度场非零梯度决定的单色平面波干涉叠加形成粒子波包。本底时空任意局域中的时空元数密度梯度一定也会干涉叠加,表现得如同存在波粒二象性粒子一样。这就是"真空量子起伏"的物质过程。虚粒子是数密度场分布的变化,但是有时具有实粒子的作用效果。

6.3.2　数密度梯度的两重表现

时空元数密度梯度场是引力场,还是波粒二象性粒子的量子化的能量和动量? 产生负偏离和非零梯度时,伴随产生纤细物质是产生引力的必要条件。伴随产生纤细物质是标志。其他各种原因激发的数密度变化并不直接表现为引力。同一份能量可以有不同的表现形式。因为这些过程不产生纤细物质,因此不表现为引力过

程,而是表现为与波粒二象性粒子能动量相同的量子化的能动量。在量子广延中这份能动量无法扩散,是因为量子广延数密度远大于 ρ_1 造成的量子广延与本底时空的界限。在本底时空局域的这份能动量如果不被某种物质过程吸收,就会扩散时空弯曲而形成引力传播。时空形成量子化能动量表现为形成了虚粒子,量子化能动量扩散时空弯曲而形成引力传播则虚粒子消失。同样都是非零数密度梯度,当它产生并伴生纤细物质时,这个数密度场就是引力场;如果无伴生纤细物质,非零数密度梯度就是虚粒子。当这份能量扩散时空弯曲的时候,就以传播弱到不易觉察的引力的方式使得局域数密度场消失。后面我们要用时空元引力方程尝试描写这个过程。(见8.4节)

时空元引力方程建立了"真空量子起伏"与时空元数密度场的联系。

时空元引力方程建立了引力与不确定原理的联系。

黑洞视界内的时空元数密度非零梯度具有的能量密度足以形成虚粒子。因为时空元能够轻易穿过黑洞,又不受引力作用影响,如果虚粒子能量密度大到一定程度,就可以形成黑洞的量子辐射。这与已被模拟实验证实的霍金实粒子辐射不同。同样大小一份能量,如果作为虚粒子的量子辐射,要比作为后来的引力波辐射能量密度大得多。

6.3.3 数密度场的变化包含位置变化

时空元数密度的变化本来是时空自身的变化。在时空元数密度的变化表现为能动量的情形,如果动量确定,数密度的变化就表现为位置的变化,数密度梯度变化的位置于是不能确定。因而我们得出一条带有普遍性的规律。时空元数密度场与位置的关联不确定;时空元数密度场强度与位置的关联也不确定。显然,造成这种不确定的原因,是场变化本身就是时空变化。因此,时空元数密度场的能动量虽然是真实存在的,但是,是什么位置与这份能动量相关联,则是不确定的。由时空元数密度场的这个性质可以知道,因为粒子的能动量确切地在粒子的量子广延中,因此,一旦动量确定,粒子的位置就一定不确定。反过来,粒子的位置确定,粒子的动量就不确定。与时空元数密度场的联系显示了量子化的能动量与时空的关联方式。这就是动量与位置不对易的起源。因为不确定原理成立的充要条件的 4 条之一是位置与动量不对易,(见 10.5 节)因此不确定原理起源于数密度梯度与位置关联的不确定性,而不是因为测量[7,8]。

虚粒子没有确定的位置。

 ## 6.4　解释双缝实验

双缝实验包含量子力学的所有秘密。一个粒子,例如电子自己与自己干涉是双缝实验最精彩、最令人费解的内容。人们对粒子的双缝实验进行过最仔细的研究。任何一个想法都被重新改进的有特定目的的双缝实验加以检验,以致人们弄清了双缝实验几乎所有的表观细节[8,9]。

穿过一条缝的电子,因为受到该缝的影响,它可能会与它自己的部分量子广延逼迫分离。由能量守恒和动量守恒,分离出的部分量子广延不会消失,也不会瞬间扩散,仍然是平面单色波的叠加,并且这列波穿过了另一条缝。把这个波列称为纯量子广延。电子损

失的能动量就等于纯量子广延的能动量。在缝后电子与纯量子广延相遇,干涉叠加产物称为干涉配对。当然,在此和以后我们只研究发生了自己与自己干涉形成干涉配对并打在了屏上的幸运电子,其他可能的任何情形我们都不研究。电子和它自己的纯量子广延是形成干涉配对的组分。

当一个电子通过缝 1 的时候,它的纯量子广延通过了缝 2,这并不违背电子确实整体通过一条缝。电子通过缝 1 之后,还保留有部分量子广延。因为电子的量子广延是单色平面波的叠加,现在在缝后有两列波,它们同频率,传播方向不垂直,相位差稳定,于是电子与它自己的量子广延波干涉叠加,产生干涉配对。这就是单独一个电子自己与自己干涉的全过程。

关键是干涉配对。在形成干涉条纹的时候,打到屏上的一定是干涉配对,而不是一般的电子。

这就是双缝干涉实验的机理,或者是对双缝实验的解释。后边将对此加以仔细分析。以下要叙述由粒子物质波精确构造粒子概率波,作为以后分析的重要部分和准备。当然,这个构造过程和结果本身也十分重要。

6.5　精确构造概率波

因为量子力学与概率的决定性关系,我们将用三个思想实验分别三次构造概率波,一再表明电子着屏可以不用到概率概念。

6.5.1　构造概率波的思想实验 1

目的:叙述电子自己与自己干涉的一些细节。

板缝位置竖直,向上为 Z 向。在板的一个水平截面上有缝 1 和缝 2 位置,标出两缝的中点 O。从 O 向左到屏是 X 轴正向。右手系决定了 $O1$ 方向是 Y 轴正向。于是我们可以在这个水平面上分析双缝实验。并且在分析过程中一直要注意到系统关于 OZX 面对称提供的实质性的方便。影响落点的因素对于组分穿过缝 1 或缝 2 是无差别的。

已经接近缝板的一个单独电子与缝 1 和缝 2 的相对位置决定电子能否穿缝以及穿过之后能否形成干涉配对。电子必处在 O 的某个邻域 $(-\varepsilon, \varepsilon)$ 之中才能成为幸运电子。$O1$ 长不一定大于正数 ε。

干涉配对的组分穿过 1 沿 $1x$ 到达点 x,穿过 2 的组分沿 $2x$ 到达 x。我们不设想电子穿过缝后跑到月亮上再跑到 x,合理的假定是各组分沿直线走到 x 处。即使 $1x$ 或 $2x$ 是锯齿状,也可以视为在两个很窄直线中间实际走了一条直线。这样做是合理的,因为云雾室中粒子轨迹和胶片中宇宙线粒子轨迹是经典的。于是,干涉配对的两个组分之间的相位差 $\delta\varphi$ 就由线段 $1x$ 和 $2x$ 的长度唯一确定。于是相位差 $\delta\varphi$ 唯一确定,同时被决定的也有干涉配对的落点 A 的位置。反过来,知道了每一个 $\delta\varphi$,落点也就知道了。

虽然是唯一确定,但是必须注意到,决定相差 $\delta\varphi$ 的不仅仅是 $1x$ 和 $2x$ 的长度,纯量子广延的可能的超光速运动也是重要的因素。

影响干涉配对落点的因素有许多,但是干涉配对落点形成干涉条纹,说明电子量子广延的物质波干涉叠加才是主要的起决定作用的因素,这就使我们有理由只考虑更关键的因素 $\delta\varphi$。

总体来说,是因为认识到存在量子广延,才可以断定相位差 $\delta\varphi$ 是存在的,当然也是精确的。于是**屏上的落点都是由精确量决定**

的。因为落点位置的确定与任何概率因素无关,因此形成干涉条纹不能归之于概率。

玻恩概率波只是一种成功的数学手段。

量子力学是微观层次的现象。思想实验 1 表明,量子力学不归之于概率。但"真空量子起伏"表现的不确定性确实是存在的。"真空量子起伏"是时空元数密度场的分布和变化造成的,是时空层次的现象。称为"真空量子起伏"其实不是量子起伏、"真空能量不为零"不是因为"真空能够自发产生"波粒二象性粒子,而是本底时空数密度场的梯度非零。如果数密度均匀,"真空能"一定为零。

就认识论而言,不确定性都起源于未曾知道。造成必须使用概率数学手段有两个原因,一是多体系统的复杂性引入的,一是存在天然不可知界限造成的。此时认识用概率方法把握不了。于是多体系统复杂性的概率现象习惯称为经典概率,由天然界限造成的概率现象在物理学中被称为量子力学的概率。之所以用概率手段,是在当前认知的水平上,用概率手段能最大限度地获得对象的知识。广义地说这样做进一步的深刻原因不得而知。具体到经典概率和量子概率的差别,经典概率的未知范围被认为可以压缩,而量子概率的未知范围则被认为无法改变。现在通过认识量子广延改变了对量子概率的认识,但是时空元数密度场造成的"真空能量起伏"的不确定性却是明确存在的。我们在此面对的概率是物理过程要求的,而不是方法可以自由做出数学语言选择的。

6.5.2　构造概率波的思想实验 2

目的:第一次用 $\delta\varphi$ 在理论上把干涉条纹构造出来,并用此结果证明落点分布与水波相干强度分布类似。或者说,用思想实验来认识干涉配对落点分布与两列水波干涉叠加强度分布的类似。

在这里我们只关心电子落点分布与普通物质波强度分布类似就可以了,没有推究细节的必要。

量子广延有缺损的电子穿过缝 2 走到缝后,该电子的纯量子广延穿过缝 1 走到缝后并且相遇在点 x。x 是屏与缝之间的一点,在 x 点干涉叠加形成干涉配对以后,电子改变方向。

因为通过双缝之后,量子广延有亏损的电子广延波包与电子丢失的一部分纯量子广延之间频率相同,两列波的传播方向不正交,它们的相位差 $\delta\varphi$ 虽然在各处分布不同,但总的是从 0 变化到 2π(为简单整数倍不论)。因此,这个电子就会与自己缝前丢失缝后重逢的纯量子广延波包形成干涉配对。

我们分别从缝 1、缝 2 出发画许多到达屏的虚线。每一段虚线都是一个电子或它自己的纯量子广延分手后到重逢干涉叠加前可能会走的路径。只要有一个电子的干涉配对的一个成员叠加前走过,这段虚线上走过的部分就改画成实线,并把后段虚线抹掉。进行双缝实验时,一个电子发射后等待足够时间保证着屏之后,再发后一个。每着屏一个电子,就有两段虚线从缝到干涉点 x 的部分被画成实线。交点到着屏点也画一条实线。假定实验做得时间足够长,这些虚线之中相当量的线段就会变成实线。这些由虚变实的实线交点 x 就会以点 x 的疏密描出像一般教科书上画的水波干涉图样,并且电子落点在屏上就由点子疏密描画出干涉条纹。诸 x 点和它们到屏之间的实线确实在描画干涉条纹,如果把屏向缝移近一点就会证明。这也是实验事实,因为水波是我们的老师,画虚线时就是按水波干涉叠加画的。也可以按惠更斯原理画虚线,它像任何物质波。当然是类似物质波而不求细节。若求细节,总有一张虚线图与电子行为完全符合。这些物质波在波行进的一段合适的时间内,像虚线所表示的一样,布满一处空间区域,也就是我们看到或可想象的满满的幅面。我们已经知道,水波在一个合适的时间段一下子就把这些虚线变成实线了。而且更重要的是,水波是从双缝附近开始推进,整片把虚线变实的。电子则不同,在满满的幅面上,它是一处一处把虚线变实的。特别的是,它不遵守由双缝出发有先有后变虚为实,而是随机地变一处之后再变一处。一些变实的地方可能是孤立的。**如果把这些一处一处实线在时间上压缩在一个合适的小区段,电子波与水波就非常相似了。**于是我们证明了,单电子自己与自己干涉,落点必然符合一般物质波的干涉条纹分布。到此我们也完成了后边关于电子双缝实验微观过程讨论中的第 ② 条的分析。

虽然是一个早已熟知的实验事实,但是用量子广延物质波一步一步在理论上把概率波构造出来,却还是第一次。如果没有精确性做基础,这个概率波是构造不出来的。

满幅面的实线对水波来说,是画物质波。满幅面虚线对电子来说,是画概率波。

6.5.3 构造概率波的思想实验3

目的:单个电子波与整体干涉条纹的关系(部分与整体)。

证明单电子自己与自己的干涉,其落点已符合干涉条纹分布。

为了更形象,我们给出下面的比喻。要把概率波的从双缝到屏的虚线一处一处变成实线,就好像贴瓷砖,哪一处有粒子着屏,就像在屏上该处贴了一片瓷砖。而且我们想象,在屏上贴了一片瓷砖,

就等于从 x 点到屏的实线上穿了一串平行于屏的瓷砖。只要屏向缝平行移近一点或远一点，就有串上一个瓷砖贴在了屏上。贴瓷砖的"醉汉"想在哪里贴一片就在哪里贴一片，但是神奇的是，他贴的每一片瓷砖，都与两根虚线变实后生出的实线所指恰好吻合。这是因为这个"电子醉汉"还牢牢记着自己的频率和比较着两列波的相位差。因此，电子的物质波干涉的存在才是电子概率波形成落点概率的物质基础。电子的物质波干涉的后果才是电子概率波落点的数学概率。概率诠释只是描写电子物质波自我干涉叠加的一种数学手段。我们的思想实验已把数学语言与真实物理过程区分开来。

再换一个角度看这里的整体与部分的关系。表面上看每一个电子都必须"关心"自己在整体概率波中的落点位置，实质是每一个电子只是"自顾自"地自我干涉。这里的关键是，**概率波的整体形象是由电子物质波完全精确地决定了的。是部分决定整体，而不是整体决定部分**。像战场一样，一枪打中了是许多因素的必然结果，但是人人都承认，一位战士的生死具有偶然性。

电子量子广延波包是概率波的物质基础。电子物质波包的落点在何处是必然过程。这个必然性是指由电子广延波与自己丢失的纯广延波干涉配对的相位差 $\delta\varphi$ 决定电子在屏上落点。面对数目无比巨大的 $\delta\varphi$，人们无法知道每一个 $\delta\varphi$ 具体是多少，因此只能使用统计方法，并且产生了量子力学归结为概率的想法。上边我们所叙述的虚线和实线幅面整体，就是电子广延波的必然性以概率方式表现的结果。正是以此种方式，完成了电子物质波到电子概率波的转化。从部分原因到整体结果，对应从粒子广延物质波精确构造粒子概率波。

电子的量子广延波是物质波。电子的波函数 Ψ 是概率波。前

者是物质过程,后者是数学手段,而且是非常成功的数学手段。上述构造过程没有概率存在的余地,更不需要什么隐变量。

6.5.4　相位差与概率振幅

影响干涉配对落点的因素有许多,但是电子落点形成干涉条纹,说明电子量子广延的物质波干涉叠加才是主要的起决定作用的因素,这就使得我们有理由只考虑更关键的因素 $\delta\varphi$。

假定从电子枪到有缝板来的各个单个电子的运动状态在穿缝之前可以看作几乎无差别。而在接近穿缝的时候细微的差别才使得电子实际整个穿过了一条缝而不是另一条缝。这个差别不是关键因素,因为干涉条纹在屏上对称出现。考虑到对称,可以认为影响落点因素对于穿过缝 1 和缝 2 是无差别的。

穿缝之后,电子物质波与纯量子广延波的夹角,电子速度与纯量子广延波速度的差别等,唯一决定了电子物质波与纯量子广延的相位差 $\delta\varphi$。对于一个电子来说,唯一的 $\delta\varphi$ 是所有其他因素的整体综合。

从枪弹双缝实验可知,对应两条缝确实有两条条状密集着弹区域。虽然每一弹丸落点位置都是概率性的,但是我们必须牢记:

(1)是板上两缝决定了屏上两条的位置。

(2)出缝后再无任何因素改变弹丸飞行方向。

(3)大量落点显示了概率性,但是每个弹丸的落点随着对该弹丸初始因素的更多了解,会越来越精确地求得。

第(3)条最重要。非常明显,在这里概率和精确只是数学手段不同,物理实质未变。不过是同一件事,用了不同的语言讲述。用了概率数学语言,但是物理过程最终不归结为概率。

电子落点形成干涉条纹是因为穿缝之后还有影响电子飞行方向的因素,屏上落点不是电子的落点,而是干涉配对的落点,是 $\delta\varphi$ 参与决定落点位置。

计算 $\delta\varphi$ 不知道电子穿过了哪条缝怎么办? 因为对称,无须知道电子穿过了哪条缝。除此再无不可知因素了。

现在总结 $\delta\varphi$ 与 Ψ 概率振幅的关系:$\delta\varphi$ 与 Ψ 的振幅可以严格对应。**Ψ 的概率振幅是对真实存在的 $\delta\varphi$ 的近似描写。**

在枪弹双缝实验中,屏上的任何一个点上,落弹数目当两条缝都开时总比只开一条缝落弹数目要多。在电子双缝实验中,屏上总有这样的点,其上着屏电子数目当开两条缝时反而比只开一条缝时着屏电子数目要少。

是 $\delta\varphi$ 精确决定电子落点位置。

一个自我干涉的电子的 $\delta\varphi$ 决定干涉配对准确落在屏的 A 点上。而一个自我干涉的电子的概率波的振幅决定干涉配对落在 A 的邻近的概率。

 # 6.6　讨论双缝实验微观过程

三个思想实验和下边的讨论要表明,用量子广延描写双缝实验,与实验事实相符,也与传统量子力学相洽[8,9]。

实验确定了以下 5 个基本事实:

(1)电子从出发到通过缝 1 或缝 2 以至最后落在屏上的探测器上,一直是一个整体。电子只以整体通过一条缝,并只通过一条缝。

(2)电子落在屏上的探测器上的概率分布与物质波的强度分

布类似。电子的行为服从概率波,即玻恩的波函数的统计诠释。

（3）双缝实验中电子自己与自己干涉。

（4）一个电子是通过两缝中的哪一条缝到达屏的是不可能判定的。相反,弄清了电子通过哪一条缝就没有了干涉图样。

（5）命题 A 是错的。因为打开两条缝不能保证落在屏上的探测器上的电子永远比打开一条缝时增加。

命题 A:每一个电子不是通过缝 1 就是通过缝 2。

体会第（1）条与第（5）条有不协调之处,甚至有矛盾之处,尤其是针对命题 A 的说法（5）明确有违逻辑。因此应该有对客观事物的新认识,才有可能解决有违古典逻辑的问题。

前边对双缝实验的这个解释满足第（1）条、第（3）条。而在前边构造概率波的思想实验 2 中我们已仔细说明解释双缝实验符合第（2）条这个明显的实验事实的原因。现在讨论第（4）条。有了流时论的这个解释,我们能否既知道电子是通过了缝 1 或缝 2 但又不破坏干涉? 能够自己与自己干涉的一个电子,整体通过双缝之后就形成了电子与自己纯量子广延的干涉配对。我们当然只能在通过缝之后才能探测电子通过了哪条缝,这同时也改变了将形成这个干涉配对的组分,也就破坏了干涉结果。这种破坏主要是因为用于探测的光子与被探测的电子发生了量子纠缠。以前玻尔、海森堡等人认为光子以能动量冲击电子,是破坏电子自己与自己干涉的原因。后来的研究认为,能动量冲击不是必需的,而光子与电子共处于纠缠态才是必需的。在流时论看来,两个粒子共处于纠缠态就是它们有共同的量子广延。我们所说的干涉配对,就是电子与自己的纯量子广延形成了电子新的量子广延。探测光子与组分电子形成了共同的量子广延,干涉配对就是这样被破坏的。因此,流时论在原则上也无法弄清电子通过了哪条缝之后自己与自己干涉。于是我们的解释也满足第(4)条。

这个解释应该能够消除第(5)条与古典逻辑的矛盾。矛盾起因是命题 A 有违背事实的地方。我们把命题 A 改成命题 B 显示这个错误。

命题 B:一个电子不是与缝 2 无关地通过缝 1,就是与缝 1 无关地通过缝 2。

命题 B 的电子是无法自己干涉的。因此它会像枪弹一样,会保证开两条缝,永远比开一条缝有更多的电子落在屏上的探测器上。但是命题 A 并不限制电子与两条缝的关系,而是对开两条缝有所期待,尽管为什么会发生期待的结果,人们并不很了解。

特别重要的是,如果只开一条缝,电子一定不会发生自己与自己干涉。实验进行充分长时间,屏上也不会出现干涉条纹。这一点人们早已知晓并且长时间为之大费脑力。有人还提出同一个电子一次只穿一条缝,但在到达屏之前,这个电子还可能通过弯道或其他什么方式通过一条缝又通过另一条缝才发生了自己与自己干涉。这是不对的。一个电子穿越两条缝转圈子是不可能发生自己与自己干涉的。因为在这个行进中没有发生干涉的原因,就像一个在虚空中自由行进的电子,永远不会自己与自己干涉叠加一样。无论如何,必须两条缝同时开表明,不肯分身的电子必有可分的别的什么,就像人体不可分割但衣服却可以与人体分开一样。于是,存在量子广延就是必然的了。双缝实验肯定了量子广延。

到此明白了,命题 A 之所以违背逻辑是因为它违背一个事实:通过一条缝的电子,它的量子广延通过了另一条缝。电子绝对不是与一条缝无关地通过另一条缝。命题 A"不是 …… 就是 ……"的说

法明确地但是错误地否定了另一条缝的通过功能。这才出现了表面的逻辑矛盾。这个矛盾其实不存在。

6.7 检验量子广延是否存在的实验方案

用量子广延被剥离后的电子做双缝实验,如果仍发生干涉条纹就否定了量子广延的理论。如果不发生干涉,就说明流时论关于量子广延的理论可能是对的。实验目的是判断量子广延是否真实存在。

既然通过双缝时,电子的部分广延作为波通过了另一条缝,并且通过后与电子尚存的量子广延波发生干涉,那么,能否让一个电子反复几次通过缝,以剥离它的广延。广延弱到电子几乎像光滑的经典弹性球一样以后,用这样的电子作为电子源来做双缝实验,预计此时电子也会像枪弹一样不发生干涉。

但是电子在本底时空可以恢复被干扰的量子广延,因为(Δt, ΔE)比光速还快,于是要问电子量子广延的恢复速度有多快?它会给裸电子足够的时间做双缝实验吗?

因为还不知道容许裸电子奔跑的时间,如果实验结果还有干涉条纹,可能会说,是电子恢复自己的量子广延太快了。如果是这样,这个实验就没有否定上述结论的能力。

但是裸电子奔跑时间似乎还是可以测得的。

已成功的双缝实验提供了电子恢复量子广延的时间。开了缝的板子厚度给出了缝深,缝深除以电子速度就得到一个时间 t_0。在这个 t_0 时间内,电子还来不及恢复它的量子广延,否则电子通过一条缝之后就无法与通过另一条缝的形成干涉配对。或者准确一些

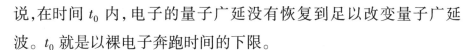

说,在时间 t_0 内,电子的量子广延没有恢复到足以改变量子广延波。t_0 就是以裸电子奔跑时间的下限。

但是又有一个反例。

即使电子完全恢复了量子广延波包,它的频率、波长、都没有变化,或变化极小,它与通过另一条缝过来的无"硬核"波仍然可能发生干涉。

在证明存在量子纠缠的非定域性的实验中[1],或其他实验中,人们总可以测得 ρ_A 态($\Delta t,\Delta E$)的速度,进而求得量子广延形成的最短时间,而不是只借助双缝实验。人们还可以通过各种其他实验精确测得电子的裸奔时间。有了这个条件,电子裸奔时间 t_0 就可以求出来,从而摆脱复杂影响,保证裸奔的电子在最单纯的条件下进行剥离后的双缝实验。显然,这时这个实验就可能构成对于量子广延的有证伪能力的实验。

有一个被认为难以解释的现象实际是支持我们关于双缝实验的讨论。宇宙射线的径迹,云雾室中带电粒子的径迹,为什么与经典道路很相似,或看来干脆就是经典径迹,而不是分形那样的曲折径迹?这可以用电子量子广延被暂时剥离来解释。

在远离变为液体或固体的条件下一切气体的行为都是一样的[11]。理想气体的分子像经典弹球,分子之间的相互作用与分子运动的热能相比可以忽略不计。人们熟知的理想气体温度与体积关系是一条直线段,只是在 $-273\ ℃$ 附近真实气体的这条直线才发生偏离变成了曲线。这是因为热运动的分子相互急速穿行,它们的量子广延反复被剥去却没有机会及时恢复。估计高温气体可以作为裸粒子源。但是在低温时粒子的波动性质变得重要起来。这是因为分子或原子随着温度的降低运动速度越来越小,量子广延受损

越来越小从而作用越来越大。出现玻色－爱因斯坦凝聚的温度$T_E = 3.2$ K 非常低就是这个原因[12]。

在虚空中纤细物质的温度体积关系图应该一直是一条直线段，或者 0 K 附近的直线段部分比真实气体的直线段部分长出许多。因为在低温时量子广延的影响因素更复杂。而纤细物质没有气体原子分子脱去量子广延又披上量子广延这样的复杂变化过程。纤细物质的温度体积直线段下端已非常接近 0 K。虚空的温度接近理想的开氏零度，因为作为虚空中唯一热源的纤细物质温度最接近 0 K。世间再没有比这个温度更低的温度了(见 5.1 节)。1964 年发现的宇宙微波背景辐射是黑体辐射,电磁天线不可能测到纤细物质温度。

从这些事实也可以看出,进行裸电子双缝实验是有意义的。

 ## 6.8　总结与展望

高维卷缩结构在时空中会形成自己的量子广延。

粒子物质波归结为量子广延的数密度梯度。量子广延稳定,粒子物质波包必然稳定。以高维卷缩结构为硬核的带边界的波包就是粒子。由此出发,我们精确构造概率波并解释双缝实验。量子广延概念是流时论在量子力学应用的基础,裸电子双缝实验可以判定量子广延是否存在。以后借助量子广延还会弄清数密度梯度的能量和动量,进一步写出时空背景独立的时空元引力方程。

参考文献

[1] 刘应平. 流出的时间理论[M]. 西安:陕西科学技术出版社,

2019:93-111,114,135-151,197-198.

[2] 刘应平. 量子的时间[M]. 西安:陕西科学技术出版社,2017:95-97.

[3] 刘应平. 热与引力[M]. 西安:陕西科技出版社,2011:31.

[4] 赵凯华,罗蔚茵. 量子物理[M]. 北京:高等教育出版社,2001:20-21.

[5] 张启仁. 量子力学[M]. 北京:科学出版社,2002:102.

[6] 曾谨言. 量子力学(卷 Ⅰ)[M]. 北京:科学出版社,2007:34-35.

[7] 程檀生. 现代量子力学教程[M]. 北京:北京大学出版社,2006:67.

[8] 费恩曼. 费恩曼物理学讲义[M]. 郑永令,等译. 上海:上海科学技术出版社,2005:25-30.

[9] 曾谨言. 量子力学教程[M]. 北京:科学出版社,2003:1-4,6-9。

[10] FRASER G. 21 世纪新物理学[M]. 秦克诚,主译. 北京:科学出版社,2013:176-177.

[11] 张礼,葛墨林. 量子力学的前沿问题[M]. 北京:清华大学出版社,2000:299-301.

第 **7** 章

解释带标记的延迟
选择双缝实验

叙述在流时论建立的物理时空中展开[1]。

为了解释带标记的延迟选择双缝实验。利用量子广延概念，把类似根号非情形的一个光子同时通过了反射和透射两条路径的说法加以澄清，明确表示成光子与光子的纯量子广延同时通过了这两条路径。从而确认在光路中光子与光子的纯量子广延是不可区分的。以光子与纯量子广延干涉叠加形成干涉配对来阐明单独一个光子自己与自己干涉叠加的全过程。双缝实验是发生在微观层次与时空层次界面上的物理现象，因为流时论已进入时空层次，因此对双缝实验一定可以给出超越微观的认识。

流时论解释了双缝实验[2]，但是必须能解释双缝实验的任何变体。解释这些变体双缝实验远远不是对已有解释双缝实验的简单重复，而是要解决与量子力学基本问题相关联的一些重要课题。特别的,要理清双缝实验同时涉及的微观和时观两方面问题。

7.1　量子逻辑门中的干涉叠加

引用已有的图形以及对实验结果的分析[3],借助流时论,阐明以恰当角度射向分束器的一个光子,"同时通过了透射和反射两条路径"这个已成定式的说法的正确和错误的成分。为解释双缝实验做准备。

一个比特就是能够制备成两个不同状态之一的物理实体。原子同时处在状态0和状态1的物理实体称为量子比特。

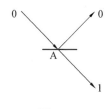

图 7.1

在图7.1中,逻辑值取0的一个光子射向分束器,令反射光逻辑值取0,透射光逻辑值取1。设置在0和1处的光子探测器确实各自测到了50%的光子。但是并不是每个光子要么只走了反射路径,要么只走了透射路径。事实是单个光子同时走了透射和反射路径。当我们在出射的0处探测到光子的时候,我们不能说光子只走了反射的路径。因为这个探测结果并不能保证光子没有走过透射路径。探测之前,光子处在透射态和反射态的叠加之中,连只有反射的趋势也没有。结论是,一个光子同时通过了反射和透射两条路径。

半镀银面能够精确地让一束光一半透射一半反射。这就是分束器。一个分束器是一个量子逻辑门,称为根号非,是量子计算机最基本构件之一。

以上是传统量子力学的认识。

从这里开始,我们要用流时论来分析根号非。流时论认为波粒二象性粒子是由高维卷缩结构和量子广延构成的[1,2]。如果光子逼迫被分为受损光子和纯量子广延,当我们说受损光子或光子的量子广延的时候,如果不会引起误会,我们也直接说光子或量子广延或纯量子广延。我们假定,一个光子如果被分束器反射,它的量子广延一定透射,反过来,如果纯量子广延反射,则一定发生了光子透射。这个假定以后会常用。

在图7.1中,一个光子确定地同时通过了两条路径,但是这个说法必须更确切:一个光子和它的纯量子广延同时通过了两条路径。在探测器没有探测到光子之前,光子与纯量子广延是不可区分的。这一条十分重要。

图7.2所示的实验再次证明在光路中光子与纯量子广延是不可区分的。由于发现了量子广延这个物理实在,计算这个逻辑非从输入到输出将是一个与实验事实相符的清晰过程。

给图7.1加上两个反射镜B、C和第2个分束器D得到图7.2。要求 AB + BD 与 AC + CD 两者有效光路准确相等。

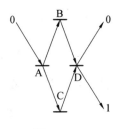

图 7.2

图7.2中BD束逻辑值为0,CD束逻辑值为1,如果光子在BD

束,就不在 CD 束。同样的,如果纯量子广延在 BD 束,就不在 CD
束。于是在 D 干涉叠加形成干涉配对。这个干涉配对的逻辑值是
多少?

对于干涉配对来说,已经不可能再有 0 与 1 的叠加了,只能取逻
辑值 0 或 1 之中一个确定的值,干涉配对的逻辑值必须与 BD 束一
致,也必须与 CD 束一致。于是干涉配对的逻辑值只能取 1。就是
说,光子应该 100% 到达探测器 1。这一段论述符合实验,因此可能
是对的。以下的分析再次认为是对的,因此我们以后就认为它是对
的。图 7.2 是一个逻辑非运算。而两个分束器是串联的,因此一个
分束器就是一个根号非运算。根号非没有对应的经典逻辑运算,研
究其中纯量子广延的属性对于实际应用和解释双缝实验都有用
处。

因为有效光路 AB = AC、BD = CD 精确成立,于是到达 D 的光子
与纯量子广延相位差为 0,干涉叠加产生的干涉配对从结构上就恢
复到与入射光子相同。干涉配对对于反射和透射无选择。决定反
射或透射的唯一因素只有逻辑值。

在图 7.3 中,如果用玻璃片调节光程,则相位差 $\delta\varphi$ 不为零,对反
射和透射有选择,于是相位差 $\delta\varphi$ 起决定作用。

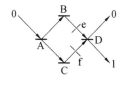

图 7.3

总之,在 $\delta\varphi = 0$ 时仍为逻辑门。在 $\delta\varphi \neq 0$ 时,第二个分束器已
不是一个量子逻辑门了。于是调节玻璃片 e 和 f 厚度差以改变两条
光路的有效光程差,也就是改变光子与纯量子广延的相位差,以影

响干涉配对对于反射或透射的选择。实验事实是,调节两玻璃片的厚度差,使光子以指定概率在 0 或 1 出现,甚至可以在 0 出现 100% 的光子而在 1 不出现光子。

7.2　量子纠缠与蜂洞

如果把共处于纠缠态的光子对分开,它们的共同量子广延就会被改变。我们知道,$\rho_G > \rho_1 > \rho_A$,因此量子广延内部无斥力,量子广延在一些过程中会较为稳定。于是可以在本底时空中形成两个口对口的盲孔,蜂洞都是盲孔,我们就把这两个盲孔叫蜂洞[1]。一个光子的垂直偏振 V 或水平偏振 H 的改变,广延态的$(\Delta t, \Delta E)$ 的作用速度也足以使另一个光子偏振方向与前者保持一致。$(\Delta t, \Delta E)$ 的运动速度当然是超光速的,但不是无限大的。

处于纠缠态的两个光子,相互传递偏振方向信息的是广延态的$(\Delta t, \Delta E)$,使偏振方向改变到相应状态的能量也是广延态的$(\Delta t, \Delta E)$。广延态的$(\Delta t, \Delta E)$ 在蜂洞内以远远大于光速的速度为两光子的一致传递信息和保持一致的控制能量。

在光子逼迫被分成量子广延受损的光子和纯量子广延的光路中,即使纯量子广延在光路中做超光速运动或者沿测地线形成蜂洞,光子与纯量子广延在该光路中至少对于干涉叠加是不可区别的。但对光路之外的光子探测器则是有明显区别的。

7.3　可能性的历史

仅仅在方法上把概率波视为真实波。电子通过双缝,有如概率波通过双缝,然后概率波发生干涉叠加,在屏上产生疏密点子形成的干涉条纹。这对于量子计算是完全正确的。但是概率波终究不是真实物质波。概率波不具有物质实在性。于是仍然存在寻求物质过程的动机。

电子可能通过左缝,也可能通过右缝。把通过左缝的可能与通过右缝的可能加起来,就得到电子通过双缝的总的可能性。电子从电子枪出来到着屏,中间可能会到达任何地方,把通过所有这些路径的可能加起来,就得到了电子到屏的总可能。因此路径积分就是从电子枪到落点电子到达任何地方的总的概率分布。路径积分就是概率波函数。

电子到达屏上之后,它从电子枪出来到屏上落点这一段时间的行为,都看作电子的历史。这个历史,就是电子到达任何地方的可能性的历史。路径积分,就是把这些历史可能性加起来,因此路径积分也称历史求和。于是概率波包含了自由粒子的所有过去。

无论电子的历史可能性多么复杂,我们关心的是电子必须同时通过双缝,因为只有这样才能产生干涉图样。如果发生了干涉,为了叙述方便可以认为,电子的历史可能性全集中在通过两条缝的可能性。如果把一条缝挡住,电子通过这条缝的概率是 0,通过另一条缝的概率就是 1,因此屏上无干涉图样。于是人们说,电子被迫同时通过了两条缝。但是电子又只能是整体通过一条缝。我们已经知道,产生如此无法理解的神秘性的原因,是电子与电子的纯量子广延同时分别通过了双缝[1]。我们也注意到,电子的纯量子广延也与电子高度相似。因此,传统量子力学或量子电动力学认为电子同时通过了两条缝的说法,按照流时论的理解就去掉了神秘性,通过了两条缝确实是真实的物质过程的一个不完全恰当的表述。凡是可能的历史,都是电子或纯量子广延真实经历了的历史。说是一个电子同时通过了双缝,现在就没有任何神秘性了。而费曼说的每个电子会走遍每一条可能的路径以到达屏上某一点,只能认为是能够得到正确答案的数学设计。

但是改变了的各种双缝实验,似乎不存在如此简单明白的解释。

7.4 决定过去的未来不存在

惠勒设想的延迟选择双缝实验把传统的量子神秘加深了一步[3]。这个实验已精细地做过了。在传统量子力学看来,这个实验似乎无可辩驳地显示了未来可以决定过去,直接挑战时间的单向性。

在图7.4中,D为激光源。激光束射向分束器d,一半通过,一半反射。在光路上设置两个反射镜 E 和 F,把分开的两束光聚到一起射到屏 P 上,屏上就会显示类似传统双缝实验所显示的那种粒子落点构成的干涉条纹。调节光源,保证前一个光子着屏之后,后一个

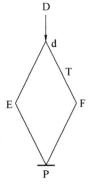

图 7.4

光子再出发。单光子在分束器透射和反射的概率都是0.5。实验进行一段充分的时间后,屏上也会出现光子着点显示的干涉条纹。量子电动力学同样会认为一个光子同时走过了透射和反射两条路径。因为如果挡住其中任何一条光路,就不再发生干涉。认为光子有同时走过两条路径的可能与真的同时走过了两条路径,会得到相同的计算结果。但是在发生干涉的情况下要想探测到光子确实正在走哪一条路径却是不可能的。

为了知道光子是走了反射路径还是走了透射路径,只在一条路径上安装一台探测器 T。探测器 T 打开对路过光子有探测作用,探测器关闭等于未设探测器。对应于屏上的一个落点,如果探测器测到了光子,或未测到光子,都会知道实验在此时段光子走的路径。但是这样一来,屏上就总不会有干涉条纹。

可以看出,如果没有探测器,单个光子在分束器 d 就已决定了以后的干涉行为。探测器开似乎对光子在分束器的历史做了逆时间修改。探测器关,光子发生自己干涉;探测器开,光子不发生自己干涉。两种表现都是光子在分束器的行为决定的,不同只是对历史有无修改。

延迟选择双缝实验在不可能知道光子通过了哪条缝的量子神秘性之外,又增加了未来修改过去的神秘性。

为什么在宏观没有未来修改过去?

现在我们用流出的时间理论来消除量子世界的这个神秘性[1]。讨论中我们只关心发生过自己与自己干涉的光子。

如果单个光子透射过了分束器,那么这个光子的纯量子广延就一定被分束器反射了。因为纯量子广延是波,也有能量和动量。同样的,如果光子的纯量子广延透射,光子就一定反射。未来在屏前

才能干涉叠加的干涉配对的两种组分在分束器上就已经形成了。以后的光路只是让它们在屏上相聚。但是探测器打开在中途破坏了干涉配对的组分之一,当然无法在屏上形成干涉配对。这里完全没有未来修改过去的任何事情发生。

但是,如果把探测器关闭,计算光子行程,确保光子经过探测器位置之后再把探测器打开。出人意料的是,此时干涉仍然被破坏。这一回似乎探测器在未来的作用确实改造了在此之前的历史。

对此,流时论解释如下:

如果两个光子有共同的量子广延,就说它们处于纠缠态。这两个光子如果分开,它们的共同量子广延就会形成口对口的各自沿着测地线伸展的两个虫洞[1]。虫洞是这两个光子分手后的联系,能量和信息传递都是由虫洞完成的。延迟选择双缝实验中的一个光子在分束器与自己的纯量子广延分开,光子与它自己的纯量子广延当然是纠缠的,于是也形成两个虫洞。开着的探测器必然破坏了一个虫洞,于是因为构成干涉配对的一个组分被破坏了,干涉不会发生。显然,这里也没有未来修改过去的现象发生。时间的单向性是绝对的。

7.5 带路径标记的延迟选择双缝实验

当强光通过硼酸钡晶体时光子会被吸收,但会重新发射两个光子。新光子降频,每个光子的能量等于原初光子能量之半。两个重新发射的光子处于纠缠态,并且可以预测每个光子从晶体发射的出射方向。这个现象被用来标记双缝实验中的光子,标记的是光子走了哪一条路径。

图 7.5 中带标记的延迟选择双缝实验是双缝实验的一个变体[2]。此图引自文献[2]，小有改动。D 为激光源，a、b、c、d 是四个分束器，1、2、3、4 是四个探测器。L、R 是两个降频硼酸钡晶体，E、F 是两个反射镜，P 是屏。如图 7.5 所示，实验安排的光路总是左右对称的。并且把光路 LFP 安排得比 La1 或 Lac 长一点。对称地做同样安排。在 L 产生的两个降频光子，一个走路径 LF，称为信息光子；另一个走路径 La，称为伴光子。

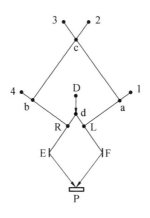

图 7.5

如果 L、R 不开，则光子迷宫 acb 等于不存在。脱离了光子迷宫仅剩下 d 到 P 的光路，只是普通的双缝实验。如果 L、R 开，而 1 探到了伴光子，可知信息光子通过的路径是 dFP，伴光子给信息光子做了路径标记。此时屏上无干涉条纹。

如果伴光子不是走 La1 路径，而是走 Lac 路径，通过分束器 c 之后，或者探测器 2 测到伴光子，或者探测器 3 测到伴光子。一旦通过了 c，就无法知道伴光子是走了 Rbc 还是走了 Lac，好像迷宫起到了量子橡皮擦的作用，擦去了路径标记。此时实验的实际结果是，信息光子在屏上显示干涉图样。可以通过线路安排，当例如探测器 2 测到光子时，屏上光子落点显红色，而其他任何情况下的光子落点

都显绿色,于是实验充分进行之后,屏上红点就会显示干涉条纹。

伴光子被探测器 1 与探测 3 探测到的唯一差别是,伴光子如果被 1 探测到,则此伴光子与伴纯量子广延永远没有相遇过;而伴光子如果被探测器 3 探测到,则此伴光子在分束器 c 及其以后光路,有可能与伴纯量子广延发生干涉叠加。因为伴光子与信息光子是纠缠的,伴纯量子广延与信息纯量子广延是纠缠的,因此,如果伴光子与伴纯量子广延发生干涉,那么,信息光子与信息纯量子广延也发生干涉。

由前文我们已经知道,在普通双缝实验中,光子和光子的纯量子广延分别走了左路径或右路径。若要知道光子走哪条路径,构成干涉配对的组分就会被破坏从而不会发生干涉。同样的,如果降频器 L 和 R 工作,而探测器 1 探测到了伴光子,即伴光子与探测器的某种粒子发生纠缠,此时因为伴光子与信息光子处于纠缠态,探测对伴光子的改变,也同样改变了信息光子,因此屏上不会有干涉图样。

现在我们要讨论光路 LFP 比光路 Lac 安排得短一些的情形。这样伴光子和伴纯量子广延后到 c,信息光子和信息纯量子广延形成干涉配对并先着屏。这需要进一步明确纯量子广延在光路中的可能行为。

由前文我们也知道,如果落点显示干涉,则信息光子的纯量子广延会像信息光子一样走过左边或右边的路径。纯量子广延也像光子一样,我们无法知道其路径。因为纯量子广延有能动量,而且我们已经知道[1],粒子的量子性质的物质基础主要是量子广延的数密度梯度,是振动波包,而在双缝实验中,纯量子广延因为是有能动量的振动,在光路中实际上总是可以看作一个光子。因为纯量子广延的数密度梯度与光子的量子广延的数密度梯度相同,因此,当纯量子广延通过降频转换器的时候,也会像光子一样被硼酸钡晶体吸收并且发射出每个能量为纯量子广延总能量一半的两个纯量子广延。我们把留在双缝光路中的也称信息纯量子广延,离开双缝光路的也叫伴纯量子广延。因为我们无法识别光子所走路径,因此当例如探测器 1 测到伴光子的时候,才能知道原初纯量子广延走了另一条路径。做了这些准备,于是我们现在可以进一步讨论探测器 1 和探测器 4 都未测到伴光子的情形。此时伴光子和伴纯量子广延都会进入量子迷宫。

现在路径的安排使得信息光子和信息量子广延到达屏之后,伴光子和伴量子广延才到达 c,此等情形下,信息光子还会有干涉落点吗? 在未到达 c 之前,伴光子的路径信息并未擦除,于是信息光子在屏上 落点不显示干涉。

现在做如下考虑。如果信息光子形成干涉配对并到屏比伴光子到 c 早一个很短的时间,这样的信息光子屏上落点会有干涉条纹吗?

由时空元的第 1 个固有时空行为[1],量子广延是相当稳定的。于是考虑两个因素:一是光子的量子广延形成的蜂洞是否有沿测地线向前的延伸;二是纯量子广延是否以超光速运动。

如果蜂洞在粒子运动方向于粒子之前有延伸,按照光速计算伴光子还未到达 c,但伴光子蜂洞延伸已到达 c,信息光子标记被擦除,于是信息光子屏上落点显示干涉。或者如我们前边不使用量子橡皮擦的说法,彻底不用信息光子同时走了左右两个路径的说法,而认为是伴光子与伴纯量子广延相互干涉,由纠缠而使得信息光子与信息纯量子广延干涉。

达屏先于到 c，但蜂洞有延伸，把伴光子与伴纯量子广延将来可能的干涉，现在就作为实在的现实。表面上就会有未来改变过去。而真正正确的是，在伴光子到达 c 之前，蜂洞已达，于是改变了信息光子着屏的状态。也可以有反例：若蜂洞延伸被某种原因突然打断，在屏干涉发生了，在 c 却没有干涉。擦掉标记的标准是伴光子与伴纯量子广延干涉叠加。对此的回答是，达屏和到 c 的时间差有限，而世上没有任何存在来得及改变延伸蜂洞的行为。于是由于纯量子广延的超光速运动，伴光子与伴量子广延"将来可能的干涉"，事实上已经是"将来必然的干涉"。必然性是保证的。把必然发生的事件作为事实，避免了未来决定过去。

7.6 总 结

利用流时论的量子广延概念确认：其一，光子与它的纯量子广延在光路中不可区别；其二，入射到分束器的光子其受损光子与纯量子广延，如果其中一个通过反射路径，则另一个必定通过透射路径。关于光子的任何双缝实验都是光路中光子与纯量子广延相互独立运动或相互干涉叠加的现象。变体双缝实验的复杂性是研究光路中纯量子广延物理属性的有力工具。因为流时论已深入到宇宙时空层次，而双缝实验是时观与微观界面上的物理现象，因此流时论应该能够解释双缝实验的任何变体。

参考文献

[1] 刘应平. 流出的时间理论[M]. 西安：陕西科学技术出版社，

2019:93-111,135-158,197.

[2] FRASER G. 21 世纪新物理学[M]. 秦克诚,主译. 北京:科学出版社,2013:237-275.

[3] 格林 布. 宇宙的结构[M]. 刘茗引,译. 长沙:湖南科学技术出版社,2015:193-212.

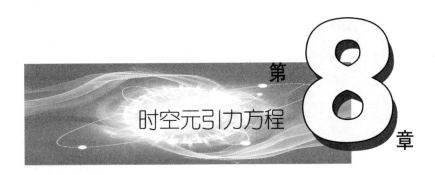

第8章 时空元引力方程

论述在流时论建立的物理时空中展开[1]。流时论所建立的引力的时空元机制是写出时空元引力方程的基础[1]。对粒子量子广延的认识是文中逻辑链条不可缺少的一环[1]。本底时空元的数密度梯度是贯穿论述始终的重要概念。方程基本思想是:右边集聚态时空元作为引力源参与形成时空弯曲,左边自由态时空元构成弯曲时空。因为没有任何形式的集聚态时空元参与构成弯曲时空,当然不会有任何具有波粒二象性的分立体参与构成弯曲时空,因此不存在量子引力。因为只有自由态时空元构成弯曲的时空,因此存在且只存在时空元引力。

因为时空元数密度场非零梯度几乎可以任意小,因此引力可以非常弱。牛顿引力和广义相对论把引力常数 G 看作一个任意常数,因此它们不能解释引力为什么如此之弱[4]。爱因斯坦引力场方程

定出右边的系数 $\kappa = 8\pi G$ 是利用牛顿极限得来的[5]，并不涉及数密度场极弱的情形。时空元引力把 G 看作时空元数密度场显示的时空元集体行为，就好像分子多才能有温度现象一样。在引力极弱的时候，引力尚在，但是 G 不存在。

　　求得方程的逻辑过程：粒子的量子广延和真空中的引力泡都具有自由态时空元数密度梯度场，量子广延的数密度梯度具有能量和动量，因而引力泡的数密度梯度也有能量和动量。由此我们求得引力泡的能量动量张量。引力泡的引力能动量与引力泡的能量动量张量描写的是同一份能动量的不同形式。由爱因斯坦引力场方程决定的能动量守恒方式，成立一个等式，这个等式就是引力泡的引力方程。左边表达时空弯曲的量表示成描写时空元行为的量。右边的引力泡能动张量各分量是量子化的。等式两边都是时空背景独立的。于是写出了时空背景独立的时空元引力方程。

8.1　量子广延数密度梯度的能量和动量

　　把爱因斯坦关系 $E = \hbar\omega$ 和德布罗意关系 $\boldsymbol{p} = \hbar\boldsymbol{k}$ 再向前推进一步，认为二式直接描写的物理过程是量子广延中的 ρ_A 态 $(\Delta t, \Delta E)$ 的数密度场的梯度。我们要表明，本底时空局域只要存在非零数密度梯度，都会相应地有波粒二象性量子化的能量和动量。

　　对于光子，实验证实公式

$$E = \hbar\omega \tag{8.1}$$

$$\boldsymbol{p} = \hbar\boldsymbol{k} \tag{8.2}$$

这两个公式通过能量公式 $E^2 = p^2c^2 + m_0^2c^4$ 相联系。因为光子 m_0 为 0，故有

$$p = E/c \qquad (8.3)$$

普遍的,波包中心的群速度是[4]

$$u_x = \frac{\partial \omega}{\partial k_x}, \quad u_y = \frac{\partial \omega}{\partial k_y}, \quad u_z = \frac{\partial \omega}{\partial k_z} \qquad (8.4)$$

把 u_x 写为 $\dot{x}$,有 $\dot{x} = \frac{\partial \hbar \omega}{\partial \hbar k_x}$,于是对光子成立

$$\dot{x} = \frac{\partial E}{\partial p_x}, \quad \dot{y} = \frac{\partial E}{\partial p_y}, \quad \dot{z} = \frac{\partial E}{\partial p_z} \qquad (8.5)$$

这包含式(8.3)。以上这些公式在以前都出现过。式(8.5)是描写经典粒子位置变化的汉密尔顿正则方程。于是我们可以认为式(8.4)描写光子的量子广延,而式(8.5)描写光子的高维卷缩结构(称硬核更形象)。

量子广延波包中心位置变化与硬核中心位置变化的高度一致,是引发波粒二象性神秘性的根本原因。它掩盖了波与粒的分而又合的关系,只显示合。而量子广延的 ρ_A 态 $(\Delta t, \Delta E)$ 数密度场的非零梯度是硬核与广延波表现一致的物质基础。但是,广延波确实表现了波与粒的共同本质特性。因此,我们可以把光子的能量 E 和动量 p 都看作量子广延数密度梯度的结果。

至于光子量子广延波是如何形成的,可以参看(6.1节)和(6.2节)或引文的量子广延波原理[1]。我们在这里只关心量子广延中 $(\Delta t, \Delta E)$ 的非零数密度梯度,只要作为一种存在,它就有式(8.1)形式的能量和式(8.2)形式的动量。

量子化是动力学量的不连续性,不连续的表现形式一定是波粒二象性的且不对易。对于光子来说,就是式(8.1)和式(8.2)。这两个公式直接描写的物理过程就是光子量子广延中数密度场的梯度。

把对光子成立的式(8.1)和式(8.2),德布罗意加以推广,假定对于任何微观粒子都有自己的物质波。物质波的角频率和波数都以式(8.1)和式(8.2)的不连续方式决定该粒子的能量值和动量值。

这个推广的本质,是把描写光子的量子广延数密度梯度的能量和动量的式(8.1)和式(8.2),推广到用式(8.1)和式(8.2)描写任何粒子的量子广延的数密度梯度的能量和动量。

流时论认为,既然一般粒子的量子广延的数密度梯度与光子的量子广延数密度梯度都是 ρ_A 态 $(\Delta t, \Delta E)$ 的行为,那么,德布罗意假设的成功就证明了,任何粒子量子广延的数密度梯度都有满足式(8.1)的能量和满足式(8.2)的动量。粒子的量子广延的数密度梯度确实是粒子能量和动量的物质基础,量子广延的数密度梯度确实准确表现出了粒子的能量和动量。

既然任何量子广延的数密度梯度都有满足式(8.1)的能量和满足式(8.2)的动量,同样是数密度梯度,我们希望能够进一步假定,不论数密度梯度是怎样形成的,只要它形成时不伴生纤细物质,已经存在的数密度梯度都有满足式(8.1)的能量和满足式(8.2)的动量。

 ## 8.2   引力泡能动张量

我们要得到方程的右边。

在本底时空局域形成时空元数密度场的时候,如果伴生有第 3 种固有时空行为产生的纤细物质,那么,这个数密度场一定是引力场。如果没有伴生纤细物质,那么,这个数密度场的非零梯度一定

是虚粒子。也就是说,因为在此种情形,非零梯度一定表现出量子化的能量和动量,量子力学习惯于认为它是真空产生的虚粒子。如果这份能动量没有被某种过程吸收,它就会扩散时空弯曲而以引力方式散尽。在分析引力泡的时候,因为引力泡外面有引力源,在形成引力泡的数密度场的时候,引力泡外伴有第3种固有时空行为产生的纤细物质,于是我们当然认为引力泡中的数密度场是引力场。但是在引力泡内部确实没有纤细物质产生,因此,引力泡内部的数密度梯度当然表现为虚粒子。因为时空元数密度梯度及其变化是由时空变化引起的,从而存在一个一般性的规律,时空元数密度梯度具有的能动量与位置的关联不确定。这就是不确定原理的物质原因。于是引力泡的虚粒子位置不确定。有时候虚粒子与引力场其实是同一个事物,于是需要一个引力方程来建立引力与"真空量子起伏"的关系。

引力泡 Σ 中有 $(\Delta t, \Delta E)$ 的数密度梯度存在,因此,引力泡也有满足式(8.1)的能量和式(8.2)的动量。

设引力泡 Σ 内部的 $(\Delta t, \Delta E)$ 数密度梯度算符为 $\hat{p} = -i\hbar\nabla$。这个算符的本征值就是式(8.2)的 $p = \hbar k$,本征矢量是概率波函数 Ψ 或者数密度场 Φ。

设引力泡 Σ 的数密度平均值为 ρ_B,因为对应于每一个减少的 $(\Delta t, \Delta E)$ 都贡献大于引力能基本单位的一份引力能,于是,Σ 的引力能写为 $\alpha(\rho_A - \rho_B)$。因为 $\alpha(\rho_A - \rho_B)$ 就是引力泡数密度梯度的能量,因此 $\alpha(\rho_A - \rho_B)$ 是满足式(8.1)所述形式的能量。注意引力泡是单位体积,我们按照狭义相对论的办法构造对于洛伦兹变换不变的物质能张量。于是 $\rho_{00} = -\alpha(\rho_A - \rho_B)$ 是引力能密度。

我们还是使用常用约定,希腊字母表示坐标0、1、2、3,拉丁字母表示坐标 1、2、3,号差取正 2,α 是正数。

在单位时间内沿 x^1 方向通过法向为 x^1 的单位面积的引力能密度 $-\alpha(\rho_A - \rho_B)$ 是引力能流密度矢量的 ρ_{01} 分量。这个分量作为能量当然也是满足式(8.1)形式的能量。于是有引力能流密度矢量

$$\rho_{0j} = (\rho_{01}, \rho_{02}, \rho_{03}) \qquad (8.6)$$

即

$$\rho_{0j} = (-\alpha(\rho_A - \rho_B))_{0j} \qquad (8.7)$$

ρ_{0j} 具有式(8.1)形式

$$\rho_{0j} = \hbar\omega_j \qquad (8.8)$$

$-\alpha(\rho_A - \rho_B)$ 的动量密度矢量为

$$\boldsymbol{\rho}_{i0} = (\rho_{10}, \rho_{20}, \rho_{30})^T \qquad (8.9)$$

即

$$\rho_{i0} = (-\alpha(\rho_A - \rho_B)/c)_{i0} \qquad (8.10)$$

ρ_{i0} 具有式(8.2)形式

$$\rho_{i0} = \hbar k_i \qquad (8.11)$$

单位时间内沿 x^2 方向通过法向为 x^2 的单位面积的 x^1 动量称为 $x^1 x^2$ 动量流密度,记为 ρ_{12}。于是有动量流密度张量

$$\boldsymbol{\rho}_{ij} = \begin{bmatrix} \rho_{11} & \rho_{12} & \rho_{13} \\ \rho_{21} & \rho_{22} & \rho_{23} \\ \rho_{31} & \rho_{32} & \rho_{33} \end{bmatrix} \qquad (8.12)$$

因为动量流密度满足式(8.2),因此式(8.12)的每一个分量都有式(8.2)要求的形式。于是有物质能动张量

$$\boldsymbol{P}_{\mu\nu} = \begin{bmatrix} \rho_{00} & \rho_{0i} \\ \rho_{i0} & \rho_{ij} \end{bmatrix} = \begin{bmatrix} -\alpha(\rho_A - \rho_B) & \hbar\omega_{0i} \\ \hbar k_{i0} & \rho_{ij} \end{bmatrix} \qquad (8.13)$$

把式(8.13)称为引力泡能动张量。式(8.13)是背景独立的。

显然引力泡能动张量的每一个分量都满足式（8.1）或式（8.2）。就是说，这些分量是不连续的，并且以波粒二象性的形式表达不连续。

我们用物理元素的存在性的数学表达一步一步构造出了式（8.13）。这种寻常的构造方式，保证式（8.13）满足物质能动张量的一般形式要求。

到此我们证明了，引力泡 Σ 有一个各分量都量子化了的并且时空背景独立的物质能动张量式（8.13）。

宏观引力泡能够波粒二象性量子化，是因为数密度梯度非零，就会有量子化的能量和动量。一个宏观的引力泡表现出微观粒子的性质，显示了时空元数密度场梯度非零是虚空中量子起伏的根源。凡是引力场都有量子化的能量和动量，并且宏观引力场的量子性与微观粒子的量子性在本质上是相同的。

我们一直说不确定原理可以借能还能，而能量何来何去总是不清楚。引力泡的物质能动张量显示了"真空量子起伏"的根源。引力与不确定原理的关系将另文深入阐述。

这里只是给出了式（8.13）的存在性证明。因为实验数据严重不足，目下无法把式（8.13）从物理数量上构造出来。

我们只观察了质量对称分布的单独一个引力源引起的虚空中的引力场的引力泡这样一种最单纯的情形。目的在于认识引力泡的数密度梯度如果不为零，就有量子化的能动量。

8.3 时空量的背景独立表达

方程的左边是引力场能动张量[5,6]。

引力的时空元理论指出,引力泡时空弯曲的物质过程就是引力泡的 ρ_A 态$(\Delta t,\Delta E)$ 的平均数密度 ρ_B 对 ρ_A 的负偏离和 ρ_A 态$(\Delta t,\Delta E)$ 的数密度场的非零梯度。并且写出了引力泡数密度梯度张量的时空背景独立的表达式

$$\boldsymbol{F} = (f_{\mu\nu}) \tag{8.14}$$

或者写成

$$\boldsymbol{F} = \begin{bmatrix} f_{00} & f_{0i} \\ f_{i0} & f_{ij} \end{bmatrix} \tag{8.15}$$

其中 $f_{00} = -(\rho_A - \rho_B)$。

现在有了数密度负偏离梯度张量式(8.14)或者式(8.15),我们就有了把时空弯曲物理量表示为背景独立数学式子的手段。特别的,这个背景独立表达也把时空弯曲表达成了本底时空元数密度负偏离和梯度。也就是说,把描写引力的量表达成了描写时空元行为的量。所表达的物理思想是**时空元的行为产生了引力**。到此流时论的时空碎片理论已经把与时空元引力相关的时空量的背景独立表达化为简单的形式数学计算。

度规张量 $\boldsymbol{g}_{\mu\nu}$ 是表达时空弯曲的。数密度负偏离梯度张量 $\boldsymbol{F} = (f_{\mu\nu})$ 也同样是表达时空弯曲的。因为 $\boldsymbol{g}_{\mu\nu}$ 和 $f_{\mu\nu}$ 都是表达时空弯曲的,因此,一定存在转换系数 $\beta(\boldsymbol{X}) = \beta(x^0, x^1, x^2, x^3)$,把 $\boldsymbol{g}_{\mu\nu}$ 表示为 $f_{\mu\nu}$。令

$$\boldsymbol{g}_{\mu\nu} = \beta_{(\mu\nu)}(\boldsymbol{X})\boldsymbol{f}_{\mu\nu} \tag{8.16}$$

$$\boldsymbol{g}^{\mu\nu} = \beta^{(\mu\nu)}(\boldsymbol{X})\boldsymbol{f}^{\mu\nu} \tag{8.17}$$

转换系数 β 是随 $f_{\mu\nu}$ 的不同,$f_{\mu\nu}$ 对应不同的 β。为了给 β 做上与 $f_{\mu\nu}$ 相同的标记而又不与累加混淆,β 的标记加上括号。

$\Gamma^\alpha_{\mu\nu}$ 的背景独立表达

$$\Gamma^{\alpha}_{\mu\nu} = \frac{1}{2}g^{\alpha\lambda}(\boldsymbol{g}_{\mu\lambda,\nu} + \boldsymbol{g}_{\nu\lambda,\mu} - \boldsymbol{g}_{\mu\nu,\lambda}) =$$

$$\frac{1}{2}\beta^{(\alpha\lambda)}\boldsymbol{f}^{\alpha\lambda}[(\beta_{,\nu}\boldsymbol{f}_{\mu\lambda} + \beta\boldsymbol{f}_{\mu\lambda,\nu}) + (\beta_{,\mu}\boldsymbol{f}_{\nu\lambda} + \beta\boldsymbol{f}_{\nu\lambda,\mu}) - (\beta_{,\lambda}\boldsymbol{f}_{\mu\nu} + \beta\boldsymbol{f}_{\mu\nu,\lambda})]$$

$$(8.18)$$

在式(8.18)中有时省写 β 的括号指标。令

$$\Pi^{\alpha}_{\mu\nu} = \frac{1}{2}\beta^{(\alpha\lambda)}\boldsymbol{f}^{\alpha\lambda}(\beta_{,\nu}\boldsymbol{f}_{\mu\lambda} + \beta_{,\mu}\boldsymbol{f}_{\nu\lambda} - \beta_{,\lambda}\boldsymbol{f}_{\mu\nu}) \qquad (8.19)$$

$$\Sigma^{\alpha}_{\mu\nu} = \frac{1}{2}\beta^{(\alpha\lambda)}\boldsymbol{f}^{\alpha\lambda}(\beta_{(\mu\lambda)}\boldsymbol{f}_{\mu\lambda,\nu} + \beta_{(\nu\lambda)}\boldsymbol{f}_{\nu\lambda,\mu} - \beta_{(\mu\nu)}\boldsymbol{f}_{\mu\nu,\lambda}) \quad (8.20)$$

于是

$$\Gamma^{\alpha}_{\mu\nu} = \Pi^{\alpha}_{\mu\nu} + \Sigma^{\alpha}_{\mu\nu} \qquad (8.21)$$

式(8.21)就是第 2 类克氏符的背景独立表达。

$R_{\mu\nu}$ 的独立表达

要用到数 g 的行列式

$$g = |\boldsymbol{g}_{\mu\nu}| \qquad (8.22)$$

$$g = |\beta_{(\mu\nu)}(\boldsymbol{X})\boldsymbol{f}_{\mu\nu}| \qquad (8.23)$$

由

$$\Gamma^{\alpha}_{\mu\alpha} = \frac{1}{2g}\frac{\partial g}{\partial x^{\mu}} \qquad (8.24)$$

和

$$R_{\mu\nu} = \begin{vmatrix} \dfrac{\partial}{\partial x^{\nu}} & \dfrac{\partial}{\partial x^{\alpha}} \\ \Gamma^{\alpha}_{\mu\nu} & \Gamma^{\alpha}_{\mu\alpha} \end{vmatrix} + \begin{vmatrix} \Gamma^{\alpha}_{\sigma\nu} & \Gamma^{\alpha}_{\sigma\alpha} \\ \Gamma^{\sigma}_{\mu\nu} & \Gamma^{\sigma}_{\mu\alpha} \end{vmatrix} \qquad (8.25)$$

得

$$R_{\mu\nu} = \begin{vmatrix} \dfrac{\partial}{\partial x^{\nu}} & \dfrac{\partial}{\partial x^{\alpha}} \\[3mm] \Sigma_{\mu\nu}^{\alpha} + \Pi_{\mu\nu}^{\alpha} & \dfrac{1}{2g}\dfrac{\partial g}{\partial x^{\mu}} \end{vmatrix} + \begin{vmatrix} \Sigma_{\sigma\nu}^{\alpha} + \Pi_{\sigma\nu}^{\alpha} & \dfrac{1}{2g}\dfrac{\partial g}{\partial x^{\sigma}} \\[3mm] \Sigma_{\mu\nu}^{\sigma} + \Pi_{\mu\nu}^{\sigma} & \Sigma_{\mu\alpha}^{\sigma} + \Pi_{\mu\alpha}^{\sigma} \end{vmatrix} \tag{8.26}$$

令

$$C_{\mu\nu} = \begin{vmatrix} \dfrac{\partial}{\partial x^{\nu}} & \dfrac{\partial}{\partial x^{\alpha}} \\[3mm] \Sigma_{\mu\nu}^{\alpha} + \Pi_{\mu\nu}^{\alpha} & \dfrac{1}{2g}\dfrac{\partial g}{\partial x^{\mu}} \end{vmatrix} \tag{8.27}$$

$$D_{\mu\nu} = \begin{vmatrix} \Sigma_{\sigma\nu}^{\alpha} + \Pi_{\sigma\nu}^{\alpha} & \dfrac{1}{2g}\dfrac{\partial g}{\partial x^{\sigma}} \\[3mm] \Sigma_{\mu\nu}^{\sigma} + \Pi_{\mu\nu}^{\sigma} & \Sigma_{\mu\alpha}^{\sigma} + \Pi_{\mu\alpha}^{\sigma} \end{vmatrix} \tag{8.28}$$

得

$$R_{\mu\nu} = C_{\mu\nu} + D_{\mu\nu} \tag{8.29}$$

这就是里西张量 $R_{\mu\nu}$ 的背景独立的表达式。

R 的独立表达

由

$$R = \boldsymbol{g}^{\mu\nu}R_{\mu\nu} \tag{8.30}$$

有

$$R = \beta^{(\mu\nu)}(X)\boldsymbol{f}^{\mu\nu}(C_{\mu\nu} + D_{\mu\nu}) \tag{8.31}$$

张量 $\boldsymbol{G}_{\mu\nu}$ 的独立表达

因为式(8.31) 和式(8.16),有

$$R\boldsymbol{g}_{\mu\nu} = \beta_{(\mu\nu)}\beta^{(\mu\nu)}\boldsymbol{f}_{\mu\nu}\boldsymbol{f}^{\mu\nu}(C_{\mu\nu} + D_{\mu\nu}) \tag{8.32}$$

这里及以后多次使用了乘法交换律,其合法性值得注意。由

$$\boldsymbol{G}_{\mu\nu} = R_{\mu\nu} - \frac{1}{2}R\boldsymbol{g}_{\mu\nu} \tag{8.33}$$

得

$$G_{\mu\nu} = C_{\mu\nu} + D_{\mu\nu} - \frac{1}{2}\beta_{(\mu\nu)}\beta^{(\mu\nu)}f_{\mu\nu}f^{\mu\nu}(C_{\mu\nu} + D_{\mu\nu})$$

$$= \left(1 - \frac{1}{2}\beta_{(\mu\nu)}\beta^{(\mu\nu)}f_{\mu\nu}f^{\mu\nu}\right)(C_{\mu\nu} + D_{\mu\nu})$$

(8.34)

这就是爱因斯坦张量的背景独立表达。

对爱因斯坦引力场方程的一个评论：此方程只适于描写自由时空元构成的时空中的引力现象，因此在黑洞视界之外用广义相对论看黑洞才好像看一个粒子。简单是因为不全面[7]。按照流时论，构成黑洞的物质也是时空，连同它周围的空间统一考虑才会全面[5]。

8.4　背景独立的时空元引力方程

引力的规范场理论不可能成功，引力的时空元理论才是现实的。

量子化归结为能量量子化是微观层次的事。微观世界的存在证明量子化是真实的物理过程。微观世界也确定了量子化的方法。因此，量子力学的量子化概念只是描写微观层次，能否走出微观层次进入时空层次（时观），对时空进行量子化？因为时空碎片的存在时空已不是连续的了，造成时空不连续的分立体本底时空元比任何微观分立体都要小许多个量级，以波粒二象性为特征的分立体不能描写时空结构和变化。不存在量子引力，只有时空元引力。描写引力的物质分立体只能是本底时空元。量子化一词不适于时观。时空量子化要求只能看作微观概念向时观的不适当扩张。经典力学向微观的扩张发生过类似的误解。

时空元引力方程左边用流时论的背景独立的时空量表达，无须寻求也不可能找到微观层次的时空量子化。总之,左边只与 ρ_A 态 $(\Delta t, \Delta E)$ 有关,右边才与集聚态 $(\Delta t, \Delta E)$ 有关,引力方程量子化只是右边的事。但是左边描写引力过程的物质分立体化才是所谓引力量子化的实质要求。就是说,量子引力思想是要用具有量子性质的分立体描写引力,现在证明了不存在产生引力的量子分立体,只有分立体时空元产生引力。于是追寻量子引力自然成了追寻时空元引力。时空元引力方程至少要达到两个条件:

(1)方程的所有物理量都是背景独立的。因为引力过程直接就是时空本身的变化,因此这一条是不可少的。背景独立需要有庞大的理论体系支持。

(2)爱因斯坦引力场方程规定方程一边是时空弯曲,一边是物质。这是实验多次证实过的,这样一种形式的能动量守恒看来是必须遵守的。

左边描写时空弯曲的量必须是背景独立的。右边描写物质的量必须是背景独立而且是按波粒二象性量子化的。

现在我们给出的引力泡的物质能张量式(8.13)是量子化而且背景独立的。方程将以此作为右边。

在爱因斯坦方程中,左边以度规张量 $g_{\mu\nu}$ 以及 $g_{\mu\nu}$ 的一阶二阶导数组成的爱因斯坦张量来表达时空弯曲。本来 $g_{\mu\nu}$ 直接表达了时空弯曲,写成爱因斯坦张量,是为了与物质能张量相等。$g_{\mu\nu}$ 不是与物质能张量直接相等的。为了相等,爱因斯坦必须以 $g_{\mu\nu}$ 为中心改变数学表达形式。现在有了时空元数密度负偏离梯度张量。$f_{\mu\nu}$ 直接描写时空弯曲物质过程,为了与引力泡的量子化的物质能张量式(8.21)相等,我们还得重复老路。左边是场能动张量,右边是物质能动张量,爱因斯坦引力场方程确定的能动量守恒方式不可违

背。

这样做的优点有二:

其一,获得的式子是时空背景独立的。

其二,几何是语言,几何表达引力可以,引力归结为几何则不是常法。用数密度场分布和变化描写引力彻底解决了这个问题。

前边我们把方程用到的时空量都表示成了背景独立的量,现在我们按照左边时空右边物质的原则利用式(8.13)和式(8.34)装配方程。

虚空中的引力泡只要有时空弯曲,它就一定有引力能动量。这个引力能动量一定等于外加的引力源乘以转换系数的物质张量。如果我们把等于这个引力能动量的物质张量作用于未变形的引力泡,那么,这个引力泡一定会具有等量的引力能并发生相应变形。爱因斯坦引力场方程确定了引力能动量与引力源物质能动量的能动量守恒具体方式。爱因斯坦引力场方程确定的左边时空弯曲右边物质能动量守恒原则,于是也可以看作引力过程的能动量守恒定律[3,5]。现在我们有了时空弯曲的背景独立表达式(8.34),也有了背景独立的按波粒二象性量子化了的物质能式(8.13)。二者本来就是同一个引力泡同一份能动量的不同表达,就能动量的量来说,它们当然是相等的。因此,由爱因斯坦引力场方程确定的一个能动量守恒方式,就有

$$\left(1 - \frac{1}{2}\beta_{(\mu\nu)}\beta^{(\mu\nu)}f_{\mu\nu}f^{\mu\nu}\right)\left(C_{\mu\nu} + D_{\mu\nu}\right) = -\varepsilon P_{\mu\nu} \qquad (8.35)$$

这就是一个时空元引力方程,它是时空背景独立的,其中用到式(8.27)、式(8.28)和式(8.13)。这个时空元引力方程要求,右边量子化形态的物质来弯曲左边不连续的时空。式(8.35)也可以写成

$$\left(1 - \frac{1}{2}\beta_{(\mu\nu)}\beta^{(\mu\nu)}f_{\mu\nu}f^{\mu\nu}\right)\left(C_{\mu\nu} + D_{\mu\nu}\right) = -\varepsilon\begin{bmatrix} -\alpha(\rho_A - \rho_B) & \hbar\omega_{0i} \\ \hbar k_{i0} & \rho_{ij} \end{bmatrix}$$

$$(8.36)$$

 **8.5　讨论**

8.5.1　对时空元引力方程的一般性要求的讨论

（1）由于坚信物质的统一性，人们相信量子引力方程是存在的。可以描写大到几十亿光年，小到粒子内部，甚至可以计算普朗克尺度。现在由时空元引力方程代行其职，仍然要能够描写从现在一直早到宇宙创生，或者预估遥远将来。总之，可能过于理想化了。

（2）时空元引力方程要描写时空变形，因此必须是时空背景独立的。但是时空背景独立要求首先有完备的自洽的物质性的物理时空理论作为准备。

（3）引力是纯时空现象，必须用时空物质的行为描写引力。广义相对论把引力归结为时空弯曲，流时论向前走了一步，把时空弯曲归结为时空元数密度梯度分布。于是引力的理论必须是关于时空元分立体的理论，并且能描写任何情况下的时空弯曲。

（4）对引力源的定量描写，必须既包括宏观也包括微观。微观层次的引力源精确描写必须是波粒二象性方式的不连续。

（5）时空元引力方程和它的解必须能厘清时间点与空间点的复杂关系[1]。

（6）引力是时空层次的事，其他三力是微观层次的事。时空元

引力方程是否应该统一四力,是或否的合理性不得而知。

(7) 量子引力方程应该具有什么样的具体形式并无预知,因此时空元引力方程也无预知。

(8) 量子引力方程是否唯一也无证明或证否,因此时空元引力方程是否唯一也不得而知。

8.5.2　对方程(8.36)的评论

(1) 左边是数密度分布造成的时空弯曲,右边是同一个数密度分布所具有的波粒二象性能动量。产生引力一定伴生纤细物质,于是产生二次及高次过程,左边非线性。产生波粒二象性量子化的能动量不伴生纤细物质,右边是线性过程。伴生纤细物质是引力泡之外的引力源造成的,这样的数密度分布当然是引力场。另一方面,单纯看引力泡内部,量子化过程则无纤细物质伴生。因此这个数密度分布具有德布罗意关系和爱因斯坦关系决定的波粒二象性量子化的量动量。因为是同一个数密度分布,因此由能动量守恒,在每一个时刻都有左边与右边相等。因为纤细物质也是集聚态能团,在极小区域的量子涨落可以富集并压缩虚空中的纤细物质从而形成微型黑洞。于是在极小的空间区域自由态时空元数密度不均匀分布随着区域越来越小,量子涨落的非线性越来越明显,分布表现为引力场还是表现为量子涨落是不可判定的。在这个意义上,极小空间区域中的数密度不均匀分布实现了引力与量子涨落的统一。

(2) 无论描写什么,首先是时空背景独立的,并且是目前唯一一个背景独立的物理方程。

(3) 左边体现了引力的时空元理论。引力时空元理论把引力的时空物质过程最后归结为构成时空的时空元的数密度梯度。体现了引力就是纯时空行为的根本想法。整个左边是时空元数密度负偏离和数密度梯度的函数。时空元与光子、胶子等都有分立体的共同性质。因此左边是引力物质过程的分立体描写。如果引力的量子理论追求的就是引力的分立体机制理论，那么，引力的时空元理论就达到了这个目的。并且在两个物体之间的引力现象中，时空元在引力过程中确实也在起信使颗粒的作用。因此这个方程就可以称为时空元引力方程。它是目前为止唯一一个背景独立的时空元引力方程。

（4）右边的物质表达是波粒二象性量子化的。

右边的能动量决定左边时空元数密度场分布。反过来说，时空元数密度场的改变，造成了"真空量子起伏"。特别的，因为本底时空的时空元平均数密度 ρ_A 极其巨大，$\rho_A = 3.33 \times 10^{101}$ cm^{-3}，而每个时空元的能量极小，$\Delta E = 1.35 \times 10^{-120}$ J，因此右边粒子的零点能起伏应该能够造成本底时空局域时空元数密度场的改变。宏观引力泡表现为单独一个波粒二象性粒子的引力场从而是确定的。

（5）如果产生时空元数密度梯度的时候伴生纤细物质，这个数密度场就一定是引力场。如果无伴生，非零数密度梯度就是量子化的能动量。这份能动量如果未被某种过程吸收，它就会扩散时空弯曲而以引力方式散尽。

在时空元的数密度变化表现为量子化的能动量的情形，如果这种变化发生在虚空或任何有自由态时空元分布的地方，就是虚粒子。因此，不光有"真空量子起伏"，物体内部也会有虚粒子产生。另外，如果发生在粒子的量子广延，就是粒子的能动量。

（6）时空元引力方程建立了"真空量子起伏"与时空元数密度场的关系。

时空元引力方程建立了引力与不确定原理的关系。

（7）式（8.36）虽然以描写引力泡给出，但具有普遍性。

（8）现在还无特解，更无通解。具体能描写什么，例如统一四力，计算自旋等[1]，不得而知。

（9）得出方程式（8.36）必须用到等效原理，我们一直把 引力 = 时空弯曲 看作爱因斯坦等效原理。更多的讨论现在不涉及[3,8]。

 ## 8.6　流时论检验实验方案之二

我们已经知道，本底时空受激发会产生具有非零梯度的时空元数密度场。如果产生数密度场时伴随产生纤细物质，数密度场就是引力场，如果无伴生纤细物质产生，则数密度场是具有能动量的虚粒子。未被吸收的虚粒子会扩散时空弯曲而以引力方式散去。因此虚粒子的能动量比由虚粒子引发的引力能量要集中得多，也更容易测量到。时空元引力方程（8.36）的左边描写时空元数密度场，右边可以看作虚粒子的能动量，这就为我们提供了计算的基础。物体内外都有时空元分布，而物体内部由于微观粒子的激发，会比真空中产生虚粒子的概率更要大得多。由于时空元能轻易穿透粒子或物体并且具有超光速的运动状态，因此，虽然在地球遥远处的虚粒子都表现为引力，但地球表层却可能测到虚粒子的能动量。如果我们在地下室的真空中测量虚粒子，在地震前期测到虚粒子的量应该比在通常的地质活动水平时期测到虚粒子的量大出许多。因此，在地下真空室测量地震前期虚粒子出现的数量，与同一地区非地震前期的水平比较，就是一个检验流时论的实验。

如果目下地震难以预报，为了实验月球潮汐可以利用[8]。发生潮汐与平时激发水平不同，产生虚粒子水平也不同，如果地下真空室虚粒子水平与月亮运行有周期性相关,也是对流时论的支持。

 ## 8.7　应　用

8.7.1　对地震监测和预报的应用

我们已经知道,时空元数密度非零梯度就是真空涨落的虚粒子,并且未被吸收的这一份能量会扩散时空弯曲而以引力方式散去。但是时空元存在于物体内外,物体内部的激发因素更多,产生虚粒子的概率比真空中更大。由于时空元的性质,这些虚粒子会有相当量穿出物体。

地球是永远难于进入的。引力波很容易穿出地球并且带出质量分布变化引发的引力波辐射。这种引力波带有地质变化的足够信息,但是人类制造的仪器几乎不可能捕捉到如此微弱的引力波。然而,地球内部的质量分布改变和伴随的剧烈运动,会激发地球内的时空元分布产生更多虚粒子,并且部分虚粒子会轻易穿出地表。而虚粒子的能动量是可以测量的。人们可以在地下建立密闭的真空室,到达真空室的虚粒子会因为地质变化而数量额外大量增加,每一份能量大小与常态比较也会发生变化。将已熟知其光谱的原子置于真空室作为检测原子。检测原子受到虚粒子的作用会使谱线发生分裂。时空元引力方程(8.36)用于虚粒子的定量计算。这个方程左边描写虚粒子的局域时空元数密度场分布造成的时空弯曲,右边是该分布的量子化的能动张量。

对检测原子得到的信息加以转换,人们就可以在屏幕上看着地球深处的物质变化,定量地准确判断可能发生的地震的震级,并且

把预报发生地震的时间精确到几十秒之内。

8.7.2　对探矿的应用

各种原子分子激发虚粒子的情况不同。如果知道了各种矿物激发的虚粒子,然后将地下真空室获得的虚粒子情况与之比对,有可能探测到地下碳氢分布、煤炭分布和各种金属矿物分布。

8.8　总结与展望

我们确实得到了时空背景独立的时空元引力方程。但是方程本身只能被看作一个假定,像当初的引力场方程一样,其正误只能由实验判定。它不是人们心目中追寻了将近百年的量子引力方程。只能说这是至今唯一一个确切描写由分立体构成的引力场并且确实背景独立的引力方程。这个时空元引力方程是一条理论上已经走通了的路。有了方程确定的基本思想,求得方程的解理论才能完整。于是追求量子引力方程有了新内容。虽然不存在由波粒二象性分立体作为信使玻色子来构成引力场这样意义上的量子引力方程,但是相信存在把时空元引力方程与薛定谔方程融为一式意义上的量子引力方程。时空元引力方程既有独立意义,也是一个必要的过渡。

参考文献

[1] 刘应平. 流出的时间理论[M]. 西安:陕西科学技术出版社,
　　2019:93-111,116-122,135-158,140,165.

[2] FRASER G. 21 世纪新物理学[M]. 秦克诚,主译. 北京:科学出

版社,2013:42-43.

[3] 陈斌. 广义相对论[M]. 北京:北京大学出版社,2018:241,247.

[4] 张启仁. 量子力学[M]. 北京:科学出版社,2002:6.

[5] 瓦尼安 H C,鲁菲尼 R. 引力与时空[M]. 向守平,冯珑珑,译. 北京:北京大学出版社,2006:91,292,325.

[6] 余天庆,毛为民. 张量分析及应用[M]. 北京:清华大学出版社,2006:109-132.

[7] 赵峥. 黑洞与弯曲的时空[M]. 太原:山西科学技术出版社,2005:179.

[8] 梁灿彬,周彬. 微分几何入门与广义相对论[M]. 2 版. 北京:科学出版社,2006:214-219.

第 **9** 章

尺缩钟慢机理

论述在流时论阐述的物理时空中展开[1]。涉及的引力问题用引力的时空元理论处理[1]。就深层物理过程而言,相对运动的尺缩钟慢,引力场的时空弯曲和粒子结构的时空卷缩都可以看作尺缩钟慢。可以认为它们之间只有程度的差别。而尺缩都是自由时空元之间的关系变化,钟慢则是这些自由时空元各自的时空碎片发生重排。任何情况下集聚态能量的加入或能量密度的增加都会引起尺缩钟慢发生,所有的尺缩钟慢都归结为自由时空元的变化。

9.1 加速度偏离

表观上只有加速度能消除引力。此处所言加速度都是指微观粒子或宏观物体的加速度。设有两个物体 m 和 M,M 的某局域时空

元 $(\Delta t, \Delta E)$ 的平均数密度为 ρ_B，m 局域的数密度为 ρ_F，m 局域处在 M 局域中。显然有 $\rho_B < \rho_A$。ρ_B 是由 M 单独决定的，ρ_F 是由 M 和 m 共同决定的。如果 M 与 m 相对静止，就会有 $\rho_F < \rho_B < \rho_A$。假定 m 质量极小，我们可以不考虑 m 对数密度的改变。假定 m 处于力学自由状态，则由于 m 相对于 M 的加速度，在与 m 固连的参照系看来，m 所在的小局域内，M 的作用既没有引发 $(\Delta t, \Delta E)$ 的平均数密度减少，也没有引发 $(\Delta t, \Delta E)$ 平均数密度的增加，仍然保持 ρ_A。因此，m 的加速度运动对应的 $(\Delta t, \Delta E)$ 的行为，是在 m 的局域中 $(\Delta t, \Delta E)$ 的平均数密度增加了，而且因为不存在 m 对 ρ_B 的影响，此时增加的量恰与 M 的引力导致的减少量值 $\rho_A - \rho_B$ 相等。这个讨论也适于 M 对 m 的加速度。**于是从 $(\Delta t, \Delta E)$ 的行为来看，引力与加速度等效。**由是我们可以一般地假定，局域 Σ 中 ρ_A 态的 $(\Delta t, \Delta E)$ 的数密度的正偏离都会引起 Σ 的加速度。由对牛顿桶的讨论可知，是 Σ 相对于本底时空的加速度[1]。

在这里实际已经使用了等效原理。但是如果我们一般地假定，在本底时空中做加速度运动的物体会在加速度方向侧发生 ρ_A 态 $(\Delta t, \Delta E)$ 平均数密度增加的现象，那么，对 ρ_A 的正偏离也可以看作加速度的原因。于是正偏离也称加速度偏离。因为数密度是时空层次的现象，更为深入，因此我们在逻辑链条中把数密度看得更基本。支持这个看法的还有引力是负偏离的。以上讨论都用到 m 局域非常小这个条件。

设想在一个广大的虚空中只有 m，再无其他物体或微观粒子。如果 m 相对于本底时空做加速运动，那么 m 也会发现 m 局域是正偏离的。这里没有任何增加 ρ_A 态的 $(\Delta t, \Delta E)$ 的原因，那么造成 m 局域正偏离的 ρ_A 态 $(\Delta t, \Delta E)$ 必然来自 m 局域及其附近。m 局域加上附近另一个某局域,数密度平均应该是 ρ_A。于是另一个局域是负偏离的,因此加速度一定产生引力场。

于是存在正偏离和负偏离两局域共同组成的 m 的一个连通局域。向后的展开使我们相信沿加速度方向,正偏离在前,负偏离在后,而数密度梯度沿加速度指向后。因为 ρ_A 态 $(\Delta t, \Delta E)$ 在物体内外乃至在粒子内外是自由的,因此,物体或粒子由于加速度,已经整体处在 $(\Delta t, \Delta E)$ 平均数密度正偏离的局域。m 受到与加速度反向的引力,反向引力与产生加速度的外力平衡。由 m 是平动可知,在引力场中自由下落物体的加速度不能完全消除潮汐力。另外,加速度产生的引力场不产生 (t, ε)。以后为了叙述方便简单说在加速度的正偏离局域中,或说加速度产生的引力场。

假定上述虚空中的物体 m 相对于虚空做匀加速直线运动。我们已经知道,加速度偏离或者负偏离都会产生 ρ_A 态 $(\Delta t, \Delta E)$ 的数密度流,产生数密度非零梯度。而产生此非零梯度时并没有 ρ_A 态 $(\Delta t, \Delta E)$ 的第 3 种固有时空行为引发的纤细物质伴生,因此非零梯度是虚空量子起伏,有量子化的能动量。

在 m 的观察者看来,m 局域产生了相当量的虚粒子。1973 年安鲁已经提出,在 m 静止时看来一无所有的真空,在此真空中做匀速直线运动的 m 会感到自己周围充满了热辐射,并且辐射温度 T 与加速度 a 成正比。安鲁效应的辐射由虚光子和各种虚粒子组成。虚光子作为黑体辐射就是热辐射。

物体的惯性是物体的集聚态时空元与虚空的自由时空元的相互作用,既可以表现为惯性力(引力),也可以表现为热效应。存在时空元数密度流的虚空和数密度均匀分布的虚空有较大的差别。

9.2　尺缩钟慢与引力场

由广义相对论知道,引力泡中时钟变慢直接与度规张量分量 g_{00} 有关。$g_{00} = \eta_{00} = -1$ 时闵氏时空的钟没有变慢。随着 g_{00} 绝对值变小,钟变慢。引力就是时间弯曲[2,3]。我们用 $\rho_{00} = -\alpha(\rho_A - \rho_B)$ 标记引力泡的引力能对应的分量[1]。

另外,由引力 = 时空弯曲我们知道,引力使得引力泡的空间维也发生弯曲,也就是收缩。大家都知道,在史瓦西时空

$$g_{00} = -(1 - 2Gm/r) \qquad (9.1)$$

$$g_{11} = (1 - 2Gm/r)^{-1} \qquad (9.2)$$

与平直的闵氏时空比较,除过 $g_{00} = -1$ 和 $g_{11} = 1$ 外,其余度规二者全同。可以看出,史瓦西时空的时间膨胀了,并且在径向距离收缩了。在史瓦西时空,尺缩和钟慢是合并发生的。因此我们可以一般地说引力场中时间膨胀了,或者空间收缩了。我们在逻辑上把时间置于比空间更基本的位置,因此,认为是钟慢进一步导致了尺缩。

（1）引力泡中,发生钟慢、空间收缩。钟慢和尺缩表现为时空弯曲。

（2）高维卷缩结构中,发生钟慢、尺缩,表现为时空卷缩。（推理认识,无实验证实。高维卷缩结构的能量密度达到了很大的值可以看作证据。）

（3）物体的相对运动中,狭义相对论认为,在静止的观察者看来,运动的钟变慢了,尺收缩了。狭义相对论没有明确地讲时空弯曲是因为弯曲太弱了。

尺缩钟慢是实验最先发现的,狭义相对论将其上升为一般理论。我们现在要研究尺缩钟慢的一般性时空物质机理。

相对运动、引力泡和高维卷缩结构,这三者之中一定有时空物质的某种共同的运动过程,使得时间变慢,使得空间收缩。

在引力泡中,是因为外部存在集聚态能量、内部有引力能;在高维卷缩结构中,是因为粒子是密度极大的能量;在相对运动中,应该是动能在起作用,因为动能也贡献引力质量。另外同为机械运动,考虑加速度与引力的关系,于是可以认为做相对运动的两个物体之间的时空关系与引力应该有某种类似。但是由于相对运动的对称性,不可能表现出引力,因为力有方向性。引力的几个要素是:有数密度负偏离、有数密度梯度、有贡献引力能的(t,ε)。在这几个要素中,相对运动只可能引发负偏离。我们在写数密度负偏离梯度张量的时候,就是把负偏离放在g_{00}的位置[2]。对于相对运动引发负偏离是由上边的类比得来的,从向后的发展看是合理的。以下深入讨论这个问题。

现在看来除了相对性原理,引力也是狭义相对论与广义相对论的内在联系。

9.3 光速极限成立的参照系条件

9.3.1 狭义相对论的参照系

狭义相对论明确以物体作为参照系讨论相对运动[4],得出参照系之间的相对速度最大不会超过光速。光子相对于物体的运动速度也是不能超过光速的。两种情形都有相对于物体这个条件,我们把这个条件称为光速极限成立的参照系条件。这个条件仅仅由狭义相对论得出而与流时论无关。狭义相对论只是确认有这个条件，至于这个条件的充分性或者必要性则需进一步认识。

借助流时论分析这个条件。物体是由高维卷缩结构构成的，光子也是由高维卷缩结构构成的，于是光速极限成立的参照系条件可以有一个高度对称的表述：相对运动速度不大于光速的两个参照系可以都由高维卷缩结构构成。这个表述改变的只是形式。

9.3.2　光速与宇宙层次

光速是宇观层次速度和宏观层次速度不可达到的上确界，而微观层次速度可以达到这个上确界当然不能超过这个上确界。狭义相对论反复讲量杆刚体，它使用的参照系为物体。这个看似显然的说法，却蕴含了光速恒定的参照系条件。显然狭义相对论只是直接证明了对于物体光速恒定。后来扩展，证明了对于微观粒子光速也恒定。于是狭义相对论确认，对于高维卷缩结构光速恒定。可以说，参照物为高维卷缩结构是光速恒定的充分条件，并且以此为限。至于对于非高维卷缩结构，相对论没有任何结论。因此时空元或纤细物质做超光速运动与相对论无矛盾。其实它们与狭义相对论本来就是两个不同宇宙层次的事情。由时空元和纤细物质超光速运动这个事实可知，高维卷缩结构也是光速恒定的必要条件[1]。这里是专指单独的 ρ_A 态 $(\Delta t, \Delta E)$ 或单独的 (t, ε) 不能作为相对论界定的参照系。考虑到对牛顿桶的讨论，这一点很重要。桶里的水的加速度是相对于本底时空的加速度。

保证相对速度永远不大于光速的两个参照系必须都由高维卷缩结构构成，这就是光速极限的参照系条件。

特征速度可以标记宇宙的各个层次。宇观层次和宏观层次属亚光速层次,微观层次属光速层次,时空层次属超光速层次。定域性在宇观、宏观、微观是存在的,时空层次存在超光速运动不破坏这个定域性。

9.4　速度关联引力场

9.4.1　速度关联

物体 a 与物体 b 做相对运动,它们的相对速度 v 就建立了物体 a 与物体 b 的速度关联。速度关联分布在物体 a 与物体 b 之间的部分本底时空,形成一个包含物体 a 和物体 b 的局域。狭义相对论描写了物体 a 与物体 b 十分确定的物理关系,时间和空间是这个关系的不可或缺的关键要素,因此,速度关联必须是时空物质的真实存在。

物体 a 与物体 b 做相对运动,表面看只是有相对速度这样一个联系,实际上速度已包含了时空因素。相对速度一定是在描写时空的真实的物质过程中。这个过程可以概括为速度关联。速度关联就是关联局域的负偏离。我们曾说本底时空的 ρ_A 态 $(\Delta t, \Delta E)$ 与物体的集聚态 $(\Delta t, \Delta E)$ 相互作用以保持物体的时空性质[2]。具体到相对运动,就是存在速度关联这样的负偏离。

于是小结如下:

由于物体 a 和物体 b 的时空性质,在物体 a 与物体 b 做相对运动的时候,在物体 a 与物体 b 的速度关联中产生负偏离,因负偏离流动的 ρ_A 态 $(\Delta t, \Delta E)$ 移动到速度关联的边界,形成速度关联外围的正偏离。由速度关联轴线附近的负偏离和外围的正偏离共同组成速度关联。因为时间膨胀,负偏离才被显示出来。因为正偏离是对称的,不能产生加速度显示出正偏离。因为数密度梯度垂直于速度关联轴线并且关于速度关联轴线对称,因此不能形成引力而显示不出数密度梯度。

于是由前边的讨论我们假定,在相对速度保持的时间之内,速度关联的 ρ_A 态 $(\Delta t, \Delta E)$ 的平均数密度比本底时空的 $(\Delta t, \Delta E)$ 平均数密度 ρ_A 小,小出的量与 v 的大小正相关。因为速度关联的 $(\Delta t, \Delta E)$ 数密度不可能无限地小,它至少不能小于 ρ_4,因此物体 a 与物体 b 的相对速度不可能无限地大。

显然速度关联是一个引力场。速度关联引力场是数密度流所产生的虚粒子的能动量以扩散时空弯曲的方式逐渐消失的过程中产生的引力场,宏观物体的相对运动提供了形成虚粒子的足够的时间和该时段虚粒子的能动量的足够的总和。

从 ρ_A 态 $(\Delta t, \Delta E)$ 的行为看,速度关联似乎有了绝对性。这里造成物体 a 与物体 b 的速度关联的 $(\Delta t, \Delta E)$ 的平均数密度好像在任何参照系看来都是同一个确定的值,也就是该数密度与观察者所处坐标系无关。但这个数密度对任何第三个参照系都是不可测量的,也是不会产生任何物理效果的,从而并不违背相对性原理。

因为物体 b 有空间分布,因此由于速度关联,物体 b 所占空间也应该有在速度 v 方向相应的伸展维的收缩以及 $(\Delta t, \Delta E)$ 的平均数密度变小。这个变化对任何别的参照系都是既成事实的,因此似乎有绝对性。由于物体 b 上的所有测量仪器所处的伸展维都发生相同收缩并且 $(\Delta t, \Delta E)$ 平均数密度也发生了完全同样变化,因此物体 b 上的这个变化,与物体 b 固连的观察者是无法观测到的,别的参照

系也无法观测到,因此没有违背相对性原理。

9.4.2　光速恒定的时空元机制

　　由什么来传递物体 a 与物体 b 之间的相对速度大小的信息呢?以接近光速的速度相互远离并且仍然持续加速的物体 a 与物体 b 由什么物质机制保证物体 a 与物体 b 不会做超光速相对运动呢? 由什么来决定物体 a 与物体 b 之间相对速度的变化引起的动能变化呢? 显然,速度关联中的 $(\Delta t, \Delta E)$ 的平均数密度不但传递物体 a 与物体 b 相对速度的信息,而且施加能量控制。如果物体 a 与物体 b 之间的相对速度接近光速,而且物体 a 与物体 b 二者相去较远,那么,这就要求有远远大于光速的物质运动速度来传递物体 a 与物体 b 的相对速度信息和进行能量控制。这就要求 $(\Delta t, \Delta E)$ 有远远大于光速的速度。因此,ρ_A 态 $(\Delta t, \Delta E)$ 超光速运动不但与狭义相对论不矛盾,反而是光速极限存在的必要条件。

　　光速恒定原理要求存在信使分立体。时空元就是这样的信使分立体。引力过程中时空元也起信使分立体的作用。前边已说过,引力也是狭义与广义相对论的内在联系因素。

9.4.3　速度关联之间的关系

　　按狭义相对论的限制,远在130亿光年之外的一个天体,也要求地球上被视为参照系的物体或粒子 a 与它的相对速度不能大于光速。这在时间上有困难。而以确定速度做相对运动的两个物体,距离越大,其速度关联负偏离可能越难控制。即使 ρ_A 态 $(\Delta t, \Delta E)$ 速度很大,也会来不及。因此,狭义相对论必定有一个合理的适用距离。任何一个物体都是由原了构成的,它的任何一个粒子,也像宇宙中的任何一个天体一样,都要各自对粒子 a 做狭义相对论的速度限制。任何一个物体或粒子 a,都会有无数个速度关联。物体 a 分别与物体 b 和物体 c 做相对运动,在物体 a 看来,b 的动量与物体 c 的动量无关,因此同一个物体的所有速度关联,相互独立。

对于质量相等、质量分布相同、初始运动状态相同的两个做相对匀速直线运动的物体,关于它们的速度关联的时空行为是对称的。

9.4.4　相对运动的动能

做相对运动的两个物体构成的不是一个封闭系统,因为还有本底时空。如果物体 b 相对于物体 a 做加速运动,因为加速度,在物体 a 看来,物体 b 处在正偏离中,并且受到引力,这个引力正好与物体 b 受到的外力平衡。因为物体 b 相对于物体 a 有了速度,在物体 a 与物体 b 之间建立了速度关联。物体 b 局域的两个偏离与速度关联负偏离叠加并各自起作用。物体 b 受到外力,产生相对于物体 a 的动能;物体 a 与物体 b 的速度关联保持物体 b 相对于物体 a 的动能。如果物体 b 的加速度消失,则物体 b 的正偏离和与正偏离相关的引力场全部消失,物体 b 与物体 a 之间只剩下了速度关联,物体 b 相对于物体 a 的动能得以保持。做相对运动的二物体系统的速度关联就是二者的动能。

物体 a 与物体 b 的速度关联确实是保持物体 a 相对于物体 b 或物体 b 相对于物体 a 的动能的物质基础,但是我们现在还不能由速度关联直接写出已经熟知的那个动能公式。

9.5　解释尺缩钟慢

在大约 9 500 m 高空由宇宙射线产生的 μ 子,相对于地面速度为 0.998c。现在以 μ 子寿命仍然是 2 μs 用狭义相对论来计算,μ 子在衰变前最远能走出 600 m。事实上,地面实验室确实测到了 μ 子。如果认为 μ 子到地面的局部空间在速度方向上真的收缩了,也是符合实验结果的。

于是我们可以一般地认为,一旦参照系 a 与参照系 b 做相对运动,在它们之中的任意一个参照系看来,它们之间的连线整体所在的一部分空间就沿相对速度方向发生了洛伦兹收缩。我们已经知道,这是因为 μ 子与地球的速度关联的负偏离,即 ρ_A 态 $(\Delta t, \Delta E)$ 的平均数密度降低了。按照洛伦兹变换,如果地面实验室认为 μ 子参照系的钟比地面钟走慢了。那么,由狭义相对论计算的结果可以认为钟慢是真实发生了的。同样的,这是因为 μ 子与地球的速度关联的负偏离。

μ 子运动过程中,由计算可知,要么尺缩了,要么钟慢了。它们只是单独进行的,没有混合发生。因为作为 μ 子的四维速度矢量的空间分量和时间分量,虽然都对合速度有贡献,但却是各自不同的。因为伸展的 4 维时空确实有三个各自独立的空间维,一个独立的时间维,它们有关系却不混淆。

时间和空间都是真实存在的,是不可分割的,是不可能谁代替谁的。大自然的时间原理规定了时空的这种真实关系。把 $(\delta t, \delta E)$ 定义为时间点,把 $(\Delta t, \Delta E)$ 定义为空间点。而 $(\Delta t, \Delta E)$ 是 $(\delta t, \delta E)$ 构成的[1]。这个假定准确地反映了时间与空间相独立又总是以不同角色统一的关系,众多$(\Delta t,\Delta E)$才会具有且一定会具有空间性把时空相互独立又相互融合彻底表达清楚了。研究尺缩钟慢的重要意义除了尺缩钟慢本身,还在于理解时间与空间以不平等方式相互区别这个一般的问题。

事实上,因为负偏离,μ子与地球的速度关联已经发生了十分微小的时空弯曲,但是狭义相对论坚持要用平直的闵氏时空来描写速度关联,使得钟慢与尺缩没有作为整体过程被表达出来。用来描写史瓦西时空的数学语言能描写时空弯曲,钟慢与径向收缩就合并表示出来了。事实上,只要有钟慢就一定有尺缩,也就是有时空弯曲。但是狭义相对论是一个很好的近似,特别把时间与空间的独立关系表示出来了,把时与空的不平等表示出来了。

9.6　三种时空变形的同一个原因

称为尺缩钟慢,称为时空弯曲,称为高维卷缩,都有一个共同的物理根源。

平时所说的尺缩钟慢和时空弯曲都是在虚空中发生的。自由态时空元的无穷集合就是本底时空,分布了纤细物质(t,ε)的本底时空称为虚空。本底时空是理想平直的。纤细物质是集聚态物质,于是虚空在微观尺度以下是弯曲的。但是纤细物质能量极其微小但却数目巨大,因此虚空在微观尺度以上应该仍然是高度平直的。尺缩钟慢和时空弯曲所研究的虚空都有了物体,也就是有了集聚态物质高维卷缩结构,因此这时的虚空比没有物体的虚空的时空弯曲更严重了,它就是闵氏时空。闵氏时空在大尺度上仍然是近似平直的,但是容许局域明显弯曲。事实证明这个近似是很好的[5],因为

我们的欧氏几何就是据此建立的。

速度关联的 ρ_A 态 $(\Delta t, \Delta E)$ 的平均数密度比本底时空的 ρ_A 态 $(\Delta t, \Delta E)$ 的平均数密度 ρ_A 变小了。在速度关联上的 $(\Delta t, \Delta E)$ 既然发生了平均数密度下降,那么伸展 4 维的每一个 $(\Delta t, \Delta E)$ 的 $(\delta t, \delta E)$ 发生重排,于是时间膨胀。伸展的 4 维中 ρ_A 态 $(\Delta t, \Delta E)$ 的数密度 ρ_4 也变小了,伸展的 4 维发生了空间收缩。这就是尺缩的最后原因。这种收缩不是钢铁或任何坚硬物质能抵挡的。因此,本底时空的一个局域,如果 $(\Delta t, \Delta E)$ 数密度下降而造成尺缩,就一定会造成 $(\delta t, \delta E)$ 的重排而发生时间变慢,并且进一步造成尺缩。

虽然都是闵氏时空中的集聚态物质造成的,但是引力情形关注的时空弯曲比所谓尺缩钟慢的时空弯曲程度要严重得多,造成尺缩钟慢的相对运动的动能,远远小于造成时空弯曲的星球能量。

时空的高维卷缩与尺缩钟慢和时空弯曲有很大的不同,后两者不增加维度,能量密度较小,最主要的仍然是自由态时空元的集体表现。高维卷缩能量密度极大,增加了卷缩的维度,特别的,它是集聚态物质。闵氏时空就是给予了我们时空观念的客观存在。因为流时论关于物质性时空的认识,我们的时空观念有所扩大,我们也把集聚态物质称为时空。于是高维卷缩结构就是在 4 维虚空基础上增加了 7 个卷缩维的时空[6]。当然,构成 11 维时空的另外 4 个维也发生了弯曲,并且是伸展 4 维的局域弯曲严重才造成了 7 维卷缩,这个 11 维进一步造成量子广延及其弯曲。在这个 11 维时空中不可能建立任何笛卡儿坐标系,因为这个时空中无处容许平直,因而任何一个时空点都必须用 11 个数来表示。

黑洞视界外是高度弯曲了的闵氏时空,例如史瓦西时空、克尔时空等[7]。但是视界之内则不是这样[8],因此需要有一个表示,把

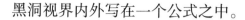

黑洞视界内外写在一个公式之中。

9.7　卷缩能及其应用

卷缩能是一种比核能密集许多倍的能量形式[1]。假定把构成原子核的中子、质子等看作积木块，改变积木搭法获得的能量是核能，卷缩能则是改变积木块形状或颜色获得的能量。高维卷缩结构就是上述比喻的积木块，高维卷缩结构加上量子广延就是微观粒子[1]。自由态时空元集聚成高维卷缩结构会放出引力热能[1]。自由态时空元集聚成纤细物质也会放出更大量的热能，否则纤细物质就会反向裂解出自由态时空元，这是不可能的。正反粒子对湮灭产生辐射光能，有可能是改变高维卷缩结构获得能量的例子。因此利用卷缩能并不是遥不可及。通过研究尺缩钟慢和时空弯曲，可以对卷缩能有一定认识，从而为利用卷缩能创造条件。

9.8　总结与展望

尺缩钟慢、时空弯曲和高维卷缩都可以看作 ρ_A 态 $(\Delta t, \Delta E)$ 的 $(\delta t, \delta E)$ 重排造成时间变慢同时产生了距离收缩。虽然高维卷缩还包含了能量密度达到临界值就会产生新的维度，但是新维度的卷缩仍然是时空变慢引发的距离收缩。不论是自由态物质还是集聚态物质，不论是密度小到本底时空这样小的密度还是大到粒子密度这样极大密度，不论是形成平直时空还是发生弯曲乃至卷缩，不论是低维度还是高维度，不论是这些时空是否背离平直发生弯曲乃至卷缩，都是由时间是否变慢以及变慢的程度这个核心原因决定的。

参考文献

［1］刘应平. 流出的时间理论［M］. 西安:陕西科学技术出版社,
2019:32-35,40-42,93-111,116-120,125-126,135-138,201.

［2］瓦尼安 H C,鲁菲尼 R. 引力与时空［M］. 向守平,冯珑珑,译. 北
京:北京大学出版社,2006:45,139-141.

［3］梁灿彬,周彬. 微分几何入门与广义相对论［M］.2 版. 北京:科
学出版社,2006:259.

［4］爱因斯坦. 相对论的意义［M］. 李灏,译. 北京:科学出版社,
1961:2-4.

［5］陈斌. 广义相对论［M］. 北京:北京大学出版社,2018:4-5.

［6］李淼. 超弦史话［M］. 北京:北京大学出版社,2002:159-165.

［7］赵峥. 黑洞与弯曲的时空［M］. 太原:山西科学技术出版社,
2005:130-167.

［8］刘辽,赵峥,等. 黑洞与时间的性质［M］. 北京:北京大学出版
社,2008:13-14.

第 **10** 章

由量子广延推导
不确定原理

叙述在流时论描述的物理时空中展开[1]。

不用概率诠释,而用粒子量子广延的性质推导不确定原理。方法主要是只用粒子的内部条件而不涉及概率诠释,由此法先求得坐标与动量对易式,再构造波函数,然后把波函数作为纯数学工具但完全不用波函数的物理意义来推导不确定原理。不使用概率诠释的物理概念,确实推导出了不确定原理。但是概率诠释的物理意义反而得到了进一步肯定。而用于计算,波函数至少仍然是十分成功的方法之一。已有的逻辑过程表明,推导不确定原理可以不用概率诠释。

微观粒子的量子广延是粒子的量子性的物质根源[1]。由量子广延的性质推导出不确定原理,证明在流时论的框架下可以展开量子力学并可深入一步,为把相对论和量子力学安排在同一个逻辑链

条上做了一部分工作。推导不确定原理可以不用概率诠释使得相对论与量子力学从根本上接近了一步。

 # 10.1　量子广延与粒子位置

　　我们已经给出了粒子的带核的有边界波包模型,粒子的量子广延稳定,则波包稳定。量子广延有两个性质,在一定条件下,量子广延会部分或全部暂时离开粒子。量子广延的另一个性质是量子广延会变形。所谓量子广延变形,就是量子广延改变了所含 ρ_A 态 $(\Delta t, \Delta E)$ 的分布而重新分布。利用两个性质我们解释了双缝实验。利用后一个性质,我们要推导出不确定原理。

　　如果产生时空元数密度梯度的时候伴生纤细物质,这个数密度场就一定是引力场。如果无伴生,非零数密度梯度就是量子化的能动量。这份能动量如果未被某种过程吸收,它就会扩散时空弯曲而以引力方式散尽。

　　在时空元的数密度变化表现为量子化的能动量的情形,如果这种变化发生在虚空,就是虚粒子。如果发生在粒子的量子广延,就是粒子的能动量。

　　时空元数密度的变化本来就是时空自身的变化。在时空元数密度场表现为能动量的时候,如果动量确定,数密度的变化就只能表现为位置的变化,数密度梯度的变化的位置于是不能确定。**反过来,如果数密度变化的位置确定,数密度梯度变化就只能表现为动量的变化。**因而我们得出一条带有普遍性的规律。**时空元数密度场与位置的关联不确定。时空元数密度场强度与位置的关联不确定。**显然,造成这种不确定的原因是场变化本身就是时空变化。

粒子的量子广延稳定,量子广延的时空元数密度场非零梯度形成粒子的单色平面波包稳定。量子广延的数密度场显然不是引力场而是表现为量子化的能动量,或者至少我们现在只认识到量子广延的数密度场的能动量表现。这份动量与量子广延处于一个整体,从而与粒子处于一个整体,所以对于粒子整体来说,粒子的动量确定。于是对于本底时空来说,粒子的位置就一定不确定。反过来,如果粒子的位置确定,粒子的动量就不确定。

所谓粒子的位置,就是相对于参照系对粒子的量子广延空间分布的整体描写。因此,我们以后不说一个粒子的位置(x,y,z),而是说位置$(x,y,z)\Delta x\Delta y\Delta z$,即粒子在 r 处的六面体之内,而没有确定的数学点。因为粒子的量子广延位置不定,因此粒子位置只能用某处六面体 $\Delta x\Delta y\Delta z$ 来描写。为了方便,以后用 $\boldsymbol{r}$ 代替(x,y,z),用 $\Delta^3 x$ 代替 $\Delta x\Delta y\Delta z$,写成 $\boldsymbol{r}\Delta^3 x$。

10.2　不对易起源于量子广延

假定微观粒子的硬核在粒子的运动方向是持续振动的,因为 h 是常数,由德布罗意关系振动频率是由硬核的动量 p 唯一决定的。硬核的振动对粒子的量子广延施加作用,量子广延以波方式传递硬核的振动,就是量子广延波 φ。在运动方向上的振动形成量子广延的本底时空元$(\Delta t,\Delta E)$数密度变化的场 Φ。显然,从外向硬核沿粒子运动的反方向场 Φ 的数密度梯度变化是越来越快的。即$(\Delta t,\Delta E)$数密度梯度方向与粒子运动方向是相反的。由量子广延波原理,我们可以把数密度梯度$\dfrac{\partial\Phi}{\partial x}$看作与粒子动量的分量 p_x 的绝对值

成正比,即

$$|p_x| \propto \left|\frac{\partial \Phi}{\partial x}\right|$$

于是 $|p_x| = \left|\varepsilon\,\dfrac{\partial \Phi}{\partial x}\right|$,$\varepsilon > 0$ 是比例系数。考虑方向,就有

$$p_x = -\varepsilon\,\frac{\partial \Phi}{\partial x} \tag{10.1}$$

式(10.1)对任意数密度场 Φ 都成立,因此有

$$p_x = -\varepsilon\,\frac{\partial}{\partial x} \tag{10.2}$$

式(10.1)中比例系数 ε 可以通过实验来确定。已知这个系数为 $\hbar$,于是有

$$p_x = -\hbar\,\frac{\partial}{\partial x} \tag{10.3}$$

测量动量 p_x,就是在测量量子广延数密度场的 $\dfrac{\partial \Phi}{\partial x}$ 与 $\hbar$ 的乘积。

把 p_x 写为算符 $\hat{p}_x$,出于数学表达的要求,加入 i 就有

$$\hat{p}_x = -\mathrm{i}\hbar\,\frac{\partial}{\partial x} \tag{10.4}$$

算符 $\hat{p}_x$ 的本征方程是

$$\hat{p}_x \Phi = p_x \Phi \tag{10.5}$$

如果这个方程成立,那么,由量子力学的德布罗意关系,必有 $p_x = \hbar k$。而 Φ 就是粒子的概率波函数 Ψ 上的一个局部,对应一个粒子的落点。波函数 Ψ 的本征方程是

$$\hat{p}_x \Psi = p_x \Psi \tag{10.6}$$

式(10.6)与式(10.5)的差别只在于:式(10.5)描写概率波函数 Ψ 的一个落点局部,而式(10.6)描写各个粒子的 Φ 可能到达的

每一处。在式(10.6)描写的每一处,都有一个粒子的 Φ 使得式(10.5)成立。式(10.5)描写的都是式(10.6)一个合理的局部。

p_x 描写了硬核的振动在量子广延中的传播。量子广延波当然与硬核的振动是同频率的。因此,p_x 也唯一地决定了量子广延波的波长 λ。可以想见,广延波频率 ν 与动量 p_x 成正比。也就是说,广延波长与 p_x 成反比,即

$$p_x \propto \frac{1}{\lambda} \tag{10.7}$$

一个粒子的量子广延的数密度场 Φ 在粒子运动方向上的数密度变化就是量子广延波 φ,而 Φ 在运动方向上的数密度梯度,则是 φ 的动量。我们把这句话看作一个基本事实。

$\hat{x}\Phi$ 定义为对量子广延数密度场 Φ 乘 x,其结果是 Φ 的数值改变 x 倍,最后结果量纲多一个长度因子。$\hat{p}_x\Phi$ 是对数密度场 Φ 求梯度,然后再乘上 $-i\hbar$。结果是 Φ 的数值按偏导改变一次,再多出一个 $-i\hbar$ 因子。对 Φ 求偏导的结果的量纲比 Φ 多一个长度因子倒数。

单从量纲看,$\hat{x}\hat{p}_x\Phi$ 是先对数密度场求梯度运算再给梯度乘上 $-i\hbar$ 因子,接着给 $\hat{p}_x\Phi$ 乘上一个 x 因子。如果不讲因子 $-i\hbar$ 的量纲贡献,就量纲来看结果,$\hat{x}\hat{p}_x$ 对 Φ 的作用不改变 Φ 的量纲。

仅仅从数值来看,$\hat{p}_x\hat{x}\Phi$ 是先把数密度场改变 x 倍,然后对改变成 $x\Phi$ 的场求梯度。除过 x 数值取 1 的时候,这样求出的梯度与 $\hat{p}_x\Phi$ 数值不同。原因是场 Φ 放大 x 倍,数密度梯度已经变了。于是 $\hat{p}_x\hat{x}\Phi$ 与 $\hat{x}\hat{p}_x\Phi$ 不一定相等。在这里可以看出,$\hat{x}$ 与 $\hat{p}_x$ 不对易的原因是量子广延的数密度场 Φ 在起作用。算符 $\hat{x}$ 和 $\hat{p}_x$ 作用于概率波函数 Ψ 时也不对易,显而易见,原因仍然是量子广延的数密度场 Φ 在起作用。$\hat{p}_x\hat{x}\Phi$ 的量纲与 Φ 的量纲相同。

$$\hat{p}_x \hat{x} \Phi = -\mathrm{i}\hbar \frac{\partial}{\partial x}(x\Phi) = -\mathrm{i}\hbar \left(\Phi + x\frac{\partial \Phi}{\partial x} \right)$$

$$= -\mathrm{i}\hbar \Phi - \mathrm{i}\hbar x \frac{\partial \Phi}{\partial x} \tag{10.8}$$

仅仅从数值来看，$\hat{x}\hat{p}_x\Phi$ 虽是先对数密度场 Φ 求梯度，然后乘上 $-\mathrm{i}\hbar$ 因子，再把 $\hat{p}_x\Phi$ 改变 x 倍。$\hat{x}\hat{p}_x\Phi$ 的量纲与 Φ 的量纲相同。

$$\hat{x}\hat{p}_x\Phi = -\mathrm{i}\hbar x \frac{\partial \Phi}{\partial x} \tag{10.9}$$

由式(10.8)和式(10.9)可得

$$\hat{x}\hat{p}_x\Phi - \hat{p}_x\hat{x}\Phi = \mathrm{i}\hbar\Phi$$

由于 Φ 的任意性,可得

$$\hat{x}\hat{p}_x - \hat{p}_x\hat{x} = \mathrm{i}\hbar \tag{10.10}$$

由此可知,粒子坐标与动量的不对易性是粒子的量子广延产生的。或者更准确地说,不对易性是量子广延的数密度梯度场产生的。只要存在不为零的数密度梯度,就会有不对易量。由此我们弄清了不对易性的物质根源,也在另一个侧面确证了量子广延的物理实在性。

10.3 不确定性起源于量子广延

为了方便,我们总是把参照系 x 轴取得与粒子动量 p 的方向一致。于是粒子位置的不确定度是 Δx,Δx 是指量子广延在 x 方向上的空间分布尺度。量子广延分布 Δx 的变化,就是粒子位置不确定度 Δx 的变化。

量子广延的数密度梯度与粒子动量成正比,数密度梯度就是粒子的动量。于是动量与量子广延的平面单色波数 k 成正比,德布罗

意公式

$$p = \hbar k \tag{10.11}$$

确认的就是这个物质过程。

如果量子广延分布空间尺度 Δx 变小了,那么沿 x 方向量子广延的 ρ_A 态($\Delta t, \Delta E$)的数密度梯度就会变大,于是动量 p 取值范围变大了。也就是说,粒子位置的不确定度 Δx 变小了,动量的不确定度就会变大。反之亦然。Δx 与 Δp 是相互制约关系。

如果粒子的动量变小了,即量子广延的数密度梯度变小了,数密度梯度变小只能由 Δx 变大来实现。也就是说,粒子动量不确定度 Δp 变小了,粒子位置的不确定度 Δx 就会变大。反之亦然。于是我们有如下不等式:

若　　　　　　　　$\Delta x \downarrow$ 则 $\Delta p \uparrow$ 　　　　　　(10.12)

若　　　　　　　　$\Delta x \uparrow$ 则 $\Delta p \downarrow$ 　　　　　　(10.13)

若　　　　　　　　$\Delta p \downarrow$ 则 $\Delta x \uparrow$ 　　　　　　(10.14)

若　　　　　　　　$\Delta p \uparrow$ 则 $\Delta x \downarrow$ 　　　　　　(10.15)

因为 Δx 和 Δp 非负,于是有

$$\Delta x \cdot \Delta p \geqslant M \tag{10.16}$$

$$M > 0$$

若要式(10.16)包含前边 4 式,前边 4 式也包含式(10.16),则 M 必须是一个正数。因为如果 $M = 0$,则当 $\Delta x = 0$ 时,Δp 也可以等于零,解除了相互限制,Δx 变小而 Δp 不变大,与式(10.12)不符。若 $M > 0$,则当 $\Delta x = 0$ 时,$\Delta p \to +\infty$。这样才能保证式(10.16)与式(10.12)~(10.15)的整体等价。

我们只用粒子的内部条件求得了式(10.16)。

得到式(10.16),不确定原理已经成立了。确定 M 的具体值式

（10.16）才能取得不确定原理的正确形式。

 ## 10.4 由干涉配对构造概率波函数

考虑一个双缝实验,假定坐标 x 轴从左向右, y 轴从下到上, z 轴与 xy 形成右手系。分别穿过缝1和穿过缝2的粒子及其纯量子广延波到达板后一点 $X(x,y,z)\Delta x\Delta y\Delta z$ 相遇,并发生干涉形成干涉配对。干涉配对继续向屏前进到达屏上 $A(x,y,z)\Delta x\Delta y\Delta z$,粒子的量子广延波和纯量子广延波的相位差 $\delta\varphi$ 决定线段 XA 与 Oxy 面的夹角 θ 和 XA 与 Ozx 面的夹角 α。这里我们假定 XA 是直线。于是函数 $f(x,y,z,\theta,\alpha)\Delta x\Delta y\Delta z$ 的一个值唯一决定一个粒子的落点 $A(r)\Delta^3 x$。落点 A 是确定的,与任何概率无关的。

但是描写任何大数目事物应用概率作为数学手段可能得到的知识最多。对于一个完成了的实验,设落在屏上的粒子总数为 N,而落在 $A(r)\Delta^3 x$ 处的粒子数为 N_A,则粒子落在 $A(r)\Delta^3 x$ 的概率是 N_A/N。因此函数 $f(r_1)\Delta^3 x$ 唯一决定了一个函数 $\psi(r)\Delta^3 x$,粒子落在 $A(r)\Delta^3 x$ 处的概率为 $|\psi(r)|^2\Delta^3 x$。即粒子落在 $A(r)\Delta^3 x$ 的相对概率 $|\psi(r)|^2\Delta^3 x = N_A/N$。

一个充分进行了的双缝实验的所有 $f(r_1)\Delta^3 x$ 所决定的屏上每一粒子落点 $r\Delta^3 x$ 的概率 $|\psi(r)|^2\Delta^3 x$ 形成一个函数 $\psi(r)$。由这个 $\psi(r)$ 可以求得每个粒子出现在 r 处六面体 $\Delta^3 x$ 之内的概率就是 $|\psi(r)|^2\Delta^3 x$。于是由每个粒子自己与自己干涉决定了整个双缝实验过程中每个粒子在屏上落点的概率波函数 $\psi(r)$。在这里概率波函数 $\psi(r)$ 不是由粒子的物理性质来的,它只是一种数学语言。与概率诠释形式完全相同,物理意义则完全不同。以上只是对于由粒

子物质波构造粒子落点概率波的进一步描写。

 ## 10.5　不确定原理

在传统量子力学不确定原理成立的充要条件由四条组成(粒子沿 x 向运动)：

(1) 波函数的统计诠释。

(2) 德布罗意关系 $p = \hbar k$。

(3) $\hat{x}$ 与 $\hat{p}$ 的不对易性。

(4) $\hat{x}$ 和 $\hat{p}$ 都是厄米算符。

我们已经由粒子量子广延波求得了 $\hat{x}$ 与 $\hat{p}$ 的不对易式(10.10)。似乎充要条件(3)成为不必要。这是因为不对易性起源于量子广延,有了量子广延,就有了不对易式(10.10),因为用了量子广延的性质,于是不对易式仍然是必要的。

由量子广延波也求得了双缝实验的粒子的概率波函数 $\psi(r)$ 的存在。我们目下推导不确定原理的时候,只是把概率波函数作为一种数学手段来使用。利用已有的熟知的推导方法[2,3],绕过物理的概率性质,只借助量子力学的统计诠释的数学形式,形式地求出两个厄米算符 $\hat{A}$ 和 $\hat{B}$ 的均方差 $\overline{A^2}$ 和 $\overline{B^2}$ 并利用文献[2]或[3]所提的不等式就有

$$\sqrt{\overline{A^2} \cdot \overline{B^2}} \geqslant \frac{1}{2} |\overline{[\hat{A}, \hat{B}]}| \qquad (10.17)$$

$$\Delta A \cdot \Delta B \geqslant \frac{1}{2} |\overline{[A, B]}| \qquad (10.18)$$

当 $\hat{A} = \hat{x}, \hat{B} = \hat{p}$ 时,利用式(10.18),就有

$$\Delta x \cdot \Delta p_x \geqslant \frac{\hbar}{2} \qquad (10.19)$$

 **10.6 总   结**

10.6.1 关于德布罗意公式

利用得到式(10.1)的过程讨论流时论与德布罗意公式的关系。

假定量子广延中的 ρ_A 态 $(\Delta t, \Delta E)$ 的数密度梯度的绝对值 $\left|\dfrac{\partial \Phi}{\partial x}\right|$ 与动量 p_x 的绝对值成正比,有 $|p_x| \propto \left|\dfrac{\partial \Phi}{\partial x}\right|$。假定量子广延的单色平面波包的波长 λ 与数密度梯度绝对值成反比,$\dfrac{1}{\lambda} \propto \left|\dfrac{\partial \Phi}{\partial x}\right|$。这两个假定看来都是合理的,可以视为数密度梯度的天然性质。这里我们只关心数量大小并认为它们是正的,于是有 $p_x \propto \dfrac{\partial \Phi}{\partial x}$ 和 $\dfrac{1}{\lambda} \propto \dfrac{\partial \Phi}{\partial x}$。得到 $p_x \propto \dfrac{1}{\lambda}$。从而

$$p = e/\lambda \qquad (10.20)$$

式中,e 是比例系数,动量略去下标。显然 e 是常数,如果能求得 $e = h$,就可以由流时论推导出德布罗意公式,上述构成不确定原理成立的充要条件是四条,除过一个数学性假定之外可以全由流时论推导出来。但是贯彻流时论始终,一直无法通过理论把 h 作为计算结果引进来。量子力学先把 h 确定为常数,然后通过实验求出。目下流时论未改变这种状态。

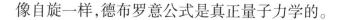

像自旋一样,德布罗意公式是真正量子力学的。

10.6.2　流时论与量子力学

我们由量子广延求得不对易式(10.10),再由量子广延构造出波函数,然后把波函数作为数学工具,加上德布罗意公式和厄米性,按量子力学的成熟方法就形式地求得了不确定原理。目的就是不用统计诠释来推导出不确定原理。推导中求均方差时用到波函数纯粹是把波函数作为数学工具表示已有的熟悉的数学推导。因为不用熟悉的数学推导而为此目的所做的其他的数学努力在今日似乎都没有意义了。如果把德布罗意公式看作一个实验事实,或者认为10.6.1小节推导德布罗意公式足够严密,就可以认为流时论能够推导出不确定原理。

量子力学不归结到概率反而进一步加强了概率解释的合理性,并且不会影响概率诠释的长久应用。深入理解了量子力学与概率性的关系并没有像预期的那样会引起大的改变。微观世界是因素更多的过程,即使微观过程不归结为概率,概率作为数学语言可能对微观世界永远是强有力的方法。更深入的讨论对于物理学有根本性的意义。

参考文献

[1] 刘应平. 流出的时间理论[M]. 西安:陕西科学技术出版社, 2019:93-111.

[2] 曾瑾言. 量子力学(卷1)[M]. 北京:科学出版社,2007: 136-137.

[3] 张启仁. 量子力学[M]. 北京:科学出版社,2002:46-47.

符号及常数

右边括号内是首次出现或含义明确的节号或小节号

δt	最短时间(3.1)
δE	最小能量(3.1)
$(\delta t, \delta E)$	时空碎片,时间点(3.1)、(3.3)
Δt	一次消解的 δt 的总量(3.1)
ΔE	一次消解的 δE 的总量、空间点(3.1),(3.3)
$(\Delta t, \Delta E)$	本底时空元(3.1),(3.3)
$\rho_A = 3.33 \times 10^{101} \text{ cm}^{-3}$	本底时空的 $(\Delta t, \Delta E)$ 平均数密度(3.4.1)
ρ_A 态的 $(\Delta t, \Delta E)$	自由态的 $(\Delta t, \Delta E)$(3.4.1)
$\{(\Delta t, \Delta E)\}$	本底时空(3.4)
$\rho_4 = 10^{99} \text{ cm}^{-3}$	伸展的四维时空的 $(\Delta t, \Delta E)$ 的平均数密度(3.4.1)、(3.4.5)
$\{(\Delta t, \Delta E)_m\}$	总能量为 m 的高维卷缩结构(3.4.2.2)
$1.5 \times 10^{-134} \text{g}$	ΔE 平均值(量级)(3.4.5)
$1.35 \times 10^{-163} \text{J} \cdot \text{s}$	作用单位(量级)、$(\Delta t, \Delta E)$ 量值(量级)(3.4.5)
(t, ε)	纤细物质(3.4.2.2)
ρ_D	宇宙大爆炸时的 $(\Delta t, \Delta E)$ 平均数密度(5.2)
ρ_B	本底时空局域中时空元平均数密度

(3.4.4)

ρ_1 第一种固有时空行为产生(t,ε)的局域数密度临界值(3.4.2.1)

$\rho_E = 3.33 \times 10^{104}\,\mathrm{cm}^{-3}$ 宇宙中所有$(\Delta t, \Delta E)$的平均数密度

(3.4.5)

ρ_0 宇宙当下平均密度(3.4.5)

ρ_G 量子广延数密度(6.2.2)

ρ_c 宇宙临界密度

代　后　记

这是一个最便宜的理论。

没有花国家一分钱,没有任何研究经费。就是"一张纸一支铅笔"的流行规模。于是就产生了流时论。

这是一个最昂贵的理论。

从1965年元月寒假开始,绞尽脑汁追寻时空碎片。孤军奋战觉得"规格严格,功夫到家"的校训50年也没有做好。一切我能支配的时间,一切我能自主的学习,都花在数学和物理上。人生能有几个55年? 还有比生命更宝贵的吗?

这是一个最盲目的理论。

我来到这个世界,就想知道这个世界。好像大自然的一切秘密都在未来,都在金光闪闪的书本上。在我学前玩耍的年月,我睡在村南老城墙根子下的土里乘凉。许多小孩都光着身子在这里占据地盘。我发现有土掉在我的脸上。那是极细极细的比白面还细的细土粒。我看了几天之后,想到我躺的搪土窝不是本来就有的,而是一粒一粒掉下来的。后来我知道老城墙是明代的留存。村南历次的兵荒马乱,村民几代人的耕作,我自己拉着羊在土路上走过去,这些细土都自顾自地慢慢地一粒一粒朝下落。它的时间是那样的漫长,那样的久远。以后只要说到时间,我都会想到慢悠悠的顽强持续下落的细土粒。初中学了平面几何,我马上觉得时间刚好可以排在直线上。大学看了相对论的科普书,又要试新方法理解时间。对于时间的好奇心就这样完全盲目地成了我一生的兴趣。1965 年寒假的几个条目，竟然一生未变。我一直认为这是打中要害的好兆头，鼓励我努力去碰大钉子。

这是一个计划最为周密的理论。

它的"一张纸一支铅笔"的规模完全符合政治环境，经济条件，人文关系，学术背景。可进可退的坐冷板凳，真是天衣无缝。选题本身正是物理学急需解决的时空问题。也适逢突破的时代节点。而它十分艰涩难懂的非比寻常的苦味，杜绝了一切非正常传播。大学时有一次数学教授王泽汉先生开卷考试，题目是写泰勒公式各种余项。哈工大的图书馆像个海洋，使我惊讶不已。我把图书馆能找到的余项形式都抄来了。王教授说，有些形式他也没有注意到。我得了好分数。王教授说："一张纸一支铅笔的科研可以搞。"待我后来明白了这句话的时候，我把它用了半个多世纪。任何环境变化我都能精确地使用它。

这是一个负担最重的理论。

我上中学背馍，一个人可能吃掉全家 8 口人粮食的一半。我不傻也不蠢，如何没有千曲百回的良心负担。我外婆总是说，农民吃了没文化的亏。我母亲说再穷也要念书。这几句朴实的话到几十年后竟被改成了口号。我母亲总是说，你将来能在大庙里当先生就好了。我上小学是在关帝庙改的学校里，教室里我坐前"神"坐后，我与"神"为同窗。老师不分男女，农村都称先生。那时的农村教师，都有人师的尊重和知识的光彩。后来我一家有九人从教，其中五人在大学教书。在我的印象中，我父母永远劳苦不息。我总怕父亲骂我懒。直到我 70 多岁，每有半小时一小时空闲，就会有一种过失感。1964 年 7 月我面临高考，当年 5 月我大伯父病重。农村那种家长很厉害，他要求所有人晚上都休息，不准守护他。他说明天太

阳冒红他才走。当地许多老人都认为自己与临潼山上的神仙有心灵沟通。当晚就有人提议"把两个娃叫回来。"我和我大侄子在30里外的县城上高中,我大侄子是我大伯父的长孙,我们俩从小学到高中都是同班。我大伯父当时闻言大怒,说:"不准回来,好好念书。"果然星期五一早他去世了。他一生都刚烈正直,就是不识字。家里情况我们当时都不知道。我们按时星期六下午回来背馍,一进门,在灵前就有几位长者先后来讲了我大伯父的要求。我俩都没有参加葬礼就上学去了。因为当时大人们猜,我们俩如果参加葬礼会误学业,一定会违背了我大伯父的意愿。我再无恒心,也能把此事牢记一辈子。我咬紧牙关要把流时论搞通,熬55年也在所不惜。我祖上多少代人都不念书,一代一代积累的决心比天还大! 我老觉得有许多双慈祥的眼睛在看着我。

这是一个最轻松的理论。

没有领导催快慢,没有机构定节点。完全是我个人的自由行动。上班我可以完成我的各种本职工作,并且退休后还有机会办一个民企,为电子枪造模具,为天上和水下的机械造模具。这个背景下搞流时论仍然是自留地。自己吃饭自己才能站。因为没有小民企这点钱,我买书出书都不会有钱。我在车间也动脑筋,也自己干活。一有机会,我就会到车间办公室算流时论,自由透了。

这是一个最潦草的理论。

没有任何文献,没有任何实验,只凭自己的观察和思考就开了头。更潦草的是完全没想过要走到什么地方,实现什么目标,有什么条件,有什么风险,等等。只有我自己的兴趣。

这是一个最认真的理论。

冬天晚上烧开水都是我的事,因为能干活的正忙,我比干不了的都强点。在如豆的煤油灯下,我把冰块打开从水瓮里捞到锅里,生火拉风箱。从极冷的冰变成滚沸的水,使我觉得既神秘又兴奋,期间生出了无穷的想象和快乐。父亲发觉后告诉我,他已试过,烧一电壶(热水瓶)水,用瓮里的冰比用瓮里的水多烧五把麦糠。因此用冰费柴火。以后不宜用冰。麦糠是夏季打场时收集的红麦皮子。后来我上中学学了热学之后,才悟到我父亲并不知道他自己已经发现了熔解热。只要认真,原来科学研究可以如此平常。我永远记住了认真。流时论虽然疯狂,但是它无法逃离来自认真的无休无止的敲打。

这是一个最穷的理论。

没有任何人会为它花一分钱。我自己的工资不但得支应小家庭,还要寄回老家。一月就那几十块钱工资,分开来当场消失得无影无踪。我老幻想家里再有一个人像我一样替我给大家出钱,我一下子就富了。我更幻想着,如果他们每人每月都反过来发给我点儿微薄的几元钱,积少成多,那我就一步登天了。这就是20世纪70年代刚一改革开放我就马上办民企的原因。给家乡的亲人寄钱一直到现在还在持续。

这是一个最富的理论。

我可能是一个理想型的人。上中学的瓜菜带治好了我的理想病。任何时候都是生活第一,事业第二。有个风吹草动我就会想到粮食。"文革"后期我已毕业参加工作,我经常观察有什么办法挣点钱。这其实就是改革开放后的所谓第二职业。但是天网恢恢,不疏不漏。我没有看出任何一点门路。锅裂了总得补吧?笼坏了总得修吧?农村一个人民公社社员想偷偷在外边干手艺活挣点钱,生产队也会盯上你,开会批评你。一个工厂的技术员固定在社会的角

落里那可是要比农民牢固几十倍,更何况知识分子还有无穷无尽的改造任务。我明白了工厂与大学的巨大差别,调到大学教书。至少不坐班可以照顾孩子。大学图书馆的书对我的理论是雪中送炭。改革开放的春风刚一吹动,我就到校外上课。工农兵学员要补课,是我一笔外快。数学确实不讨人喜欢,但学业要求是很严的。我能把数学讲得天花乱坠,帮我捞了一阵子外快。

后来国务院文件反复讲要把知识变成生产力。就好像春风直接吹到了我脸上。我马上着手搞经济。书上讲修理业发展最慢但是无本而且最保险,于是我借了一把螺丝刀修家电。我想着 5 年一个计划,悄悄地向大机器靠近。等到我没有投资一分钱反而达到了这个目的的时候,我明白地告诉我自己,搞工业是因为穷的没办法了。我点灯熬油上了哈工大,我应该拿出来的是硬碰硬的理论,而不是挣钱。(2020.12.16. 我明白搞经济效益是对的,应归于哈工大的主流思想。)于是在我买了工业用地建了厂房之后,我低调办工厂。流时论研究确实光工资不能维持,"一张纸一支铅笔"还不够,但是有一个工厂可以。工厂的收入在应对一家的吃穿之余,确实能帮我搞古怪的物理理论。

李白断定"天生我才必有用"。为什么我就一定会逆天呢?

有饭吃才能言自由。首先我再也不用在旧纸背面计算了。每当用新本子的时候,总有感慨。我把上百人的工厂缩小,并用它的钱支持理论研究。这个流时论不可谓不富。

这是一个凉透了的理论。

研究注定要坐冷板凳,一般是在一个小群体中坐冷板凳,南极的帝企鹅在冰天雪地之中还可以抱团取暖。由于这个理论如此牛涩,由于学术如此凋零,就好像帝企鹅还得当单干户。一凉二凉,只凉不暖,岂不是凉透了。

这是一个充满了烈火,红焰升腾的理论。

我除了不干混吃穿的事,24 小时为它发热。感谢开了个好头,一个一个进展,就是一团一团火焰。不管正确与否,我自己先享受了。反正我是有根有据地在推理,在计算,在与以往的实验做比较和思索。我深信失败总能堆出个成功。精神食粮也是食粮。心中的欢乐总像太平洋的波涛,从不停止,一浪高过一浪。

这是一个最没有良心的理论。

我自己从农村的穷困中走出来,父母和亲人都寄予厚望。还有辛勤教导我的小学中学老师、哈工大老师,他们都望我成才。还有以诚待我,给我如及时雨般帮助,给我最温暖心灵安慰的同学朋友。所有对我有益的人,我都忙于自己的奇思怪想,没有能力和时间回报他们。

这是一个最有良心的理论。

我总在我的心底里藏着一个愿望,当我觉得可以画句号的时候,我要向乔山三叩两泪。愿流时论能为中华民族效绵薄之力。